narango.

jahrbuch für die urbane debatte

Edition s/w.

narango.

jahrbuch für die urbane debatte

Edition s/w.

Herausgegeben von
Christoph Siegl
Anne Rudolf
Oliver Müller

Narango. Jahrbuch für die urbane Debatte.
ist eine Reihe des Open Urban Institute.

OPEN
URBAN
INSTITUTE

FSC
www.fsc.org
MIX
Papier aus verantwortungsvollen Quellen
Paper from responsible sources
FSC® C105338

Bibliografische Information der Deutschen Nationalbibliothek: Die Deutsche Nationalbibliothek verzeichnet diese Publikation in der Deutschen Nationalbibliografie; detaillierte bibliografische Daten sind im Internet über www.dnb.de abrufbar.

Herstellung und Verlag:
BoD – Books on Demand, Norderstedt
ISBN 978-3-7412-7656-9

narango.

jahrbuch für die urbane debatte

Edition s/w.

EDITORIAL

Edition s/w.

Narango. So nennt sich der Sammelband, den Sie gerade in den Händen halten. Herzlichen Glückwunsch und vor allem: Danke. Danke nicht für den Kauf an sich, das Buch ist im non-Profit-Rahmen entstanden. Danke aber für Ihr Interesse an einer neuen Spielart der urbanen Debatte und der Bereitschaft, sich aktiv oder passiv darauf einzulassen.

Was ist Narango genau und was soll das Ganze? Das vorliegende Werk versucht sich an einer Gratwanderung zwischen Forschung und Kultur, klaren Gedanken und starken Bildern, Aktionismus und Reflexion, Kanon und Bruch, Verspieltheit und Konsequenz, Fragen und Antworten. An den Stellen, an denen der Grat nicht zu schwierig ist, entstehen zunächst unerwartete Verbindungen, werden dem Leser neue Lesewege angeboten.

Jenseits des stadtpolitischen Tagesgeschäfts, ideologischer Grabenkämpfe, Elfenbeinturmbewohnerschaft und fixer Forscherdoktrin wollen wir einen gediegenen, aber reflektierten Weg begehen. Dieser soll - und unserer Meinung tut er das auch - verschiedene Disziplinen verbinden, mehr Perspektiven zulassen und mit etwas Abstand zum Überdenken und genaueren Hinschauen einladen. Hier regiert prinzipiell nicht die Eile, sondern der Blick auf die scheinbaren Nebensächlichkeiten. Hieraus

sollen neue Ideen und Ansätze abgeleitet werden. Narango ist als Jahrbuch konzipiert und - dies ist die erste Ausgabe - soll auch künftig Gedanken und Meinungen sammeln und wohl komprimiert weitergeben wie zur Diskussion stellen. In der initialen Ausgabe 2016 haben siebzehn leidenschaftliche Urbaniten, unter ihnen Stadtforscher, Illustratoren, Theatermacher, Fotografen und mehr, zusammengefunden um einen ersten Schritt zu gehen. Mögen viele weitere folgen!

Im Prozess war Narango ergebnisoffen, daher sind die Themenschwerpunkte **Räume der Bewegung / Von Konsum und Verzicht / Urbane Didaktik / Sehen und Verstehen / Stadtpolitiken** erst als Synthese der gemeinsamen Arbeit entstanden. Das Inhaltsverzeichnis bietet entlang dieser Schwerpunkte und weiterer Kategorien Lesewege durch Narango an.

Der Herausgeber von Narango ist das Team des Open Urban Institute, kurz OUI - ein Netzwerk passionierter Stadtforscher und Querdenker. Mittels unterschiedlicher Formate besteht unser Ziel darin, die urbane Debatte für jeden Interessierten zugänglich zu machen. Nach unserem Monographie-Bildband "Kleinöde" (2014) folgt nun mit Narango die nächste Publikation in Form eines Sammelbands.

Repräsentiert wird Narango durch ein neugieriges Eichhörnchen. Wer selbst gerne harte Nüsse knackt, der sei auf das Kreuzworträtsel verwiesen. Keine Lust, im Buch zu schreiben? Eine kurze E-Mail genügt, dann gibt es das Rätsel nochmal als PDF. Grübeln lohnt sich, denn der Erste, der uns das Lösungswort nennt, gewinnt einen persönlichen Stadtspaziergang in Frankfurt oder Umgebung zu einem frei wählbaren Themenschwerpunkt.

Merkwürdig, neugierig, vielseitig und unabhängig - das sind die Eigenschaften, mit denen Narango sich selbst beschreibt. Wenngleich seine Eigenartigkeit auch bis ins Schrullige geht, ist der "merkwürdige" Charakter von Narango in der älteren Bedeutung des Wortes, als "auffallend" oder "des Merkens würdig" zu begreifen. Was aber macht Narango auffallend? Sicherlich seine unkonventionelle Art der Auseinandersetzung mit dem Phänomen der "Stadt/Kultur", und sicher auch seine inhaltlich-formelle Positionierung, denn Narango entzieht sich der eindeutigen Zuordnung eines literarischen Genres. Genregrenzen verwischend ist sein Duktus mitunter wissenschaftlicher Art, obschon im nächsten Augenblick die spielerisch-imaginative Beschäftigung mit einem Thema überwiegt. Angetrieben wird Narango durch seine unersättliche Neugier, den Drang, immer wieder neues Terrain zu beschreiten und der Begeisterung in der Auseinandersetzung mit einem Gegenstand. Seine Vielseitigkeit kommt in der Menge von Themen und Zugängen zum Tragen, denn Narango erzählt von U-Bahnhöfen, Stadtparks und Wohnprojekten, reist von Thailand bis Mannheim und erforscht Autobahnbrücken, Arthousekinos und Markthallen in Text, Fotografie und Illustration. In ebendieser Vielseitigkeit drückt sich auch Narangos Unabhängigkeit aus. Unabhängig vom tagespolitischen Geschehen und festgelegten Formen der Darstellung, jedoch stets mit aktuellen Bezügen, widmet es sich mit feinfühliger Akribie den auf den zweiten Blick denkwürdigen Phänomenen städtischen Lebens. Aber auch, wo Narango den Bezug zu aktuellen Debatten des Stadtdiskurses sucht, gelingt dies ohne voreilige Einsortierung in bestehende Schubladen.

Als urbanes Netzwerk schätzen wir die öffentliche und persönliche Debatte. Anmerkungen sind darum höchst willkommen! Schreiben Sie uns: kontakt@openurbaninstitute.org

Sie halten die unlimitierte Version in den Händen. Diese erscheint in s/w.

Wir wünschen viel Vergnügen mit Narango, hilfreiche Anregungen, und würden uns über ein vertiefendes Gespräch freuen.

Christoph Siegl
Anne Rudolf
Oliver Müller

für das
OPEN URBAN INSTITUTE

Frankfurt am Main, im August 2016.

OPEN
URBAN
INSTITUTE

MERKWÜRDIG
narango.
jahrbuch für die urbane debatte

VIELSEITIG

UNABHÄNGIG

DIE STADT EIN BILDERRÄTSEL // 140
NUDGING (IN) THE CITY // 056
URBAN CROSSWORDS // 016
DRUCK AUF STADT // 01
narango.
jahrbuch für die urbane debatte
MAIN INS DUNKLE BRINGEN // 012
STADTPARKS // 096
DIE MARKTHALLE // 182
RAUMBEWEGUNGEN // 204
UNTERWEGS IM DOPPELSTOCKBUS // 150
LANDSCHAFT DES AUTOMOBILS // 030
SCHÖNE URBANE AUTOWELTEN? // 070
Räume der Bewegung
Von Konsum und Verzicht
Urbane Didaktik
Stadtpolitiken
Sehen & Verstehen

URBAN COMMONS // 218
KEIN KLEINÖDE 2.0 // 064
JUMELAGE // 090
STRATEGIEN DES
ZUSCHAUENS // 170
ARTHOUSE // 134
UNTERIRDISCHE
UNENDLICHKEITEN // 042
EIN BLICK ÜBER
DIE SCHWELLE // 080
JAIPANISCH // 108
regionale zone
internationale zone
VOM BAUM INS GERIPPTE // 194
SEHNSUCHTSSTADT LEIPZIG // 160

MAIN INS DUNKLE BRINGEN

ODER: MEHR LICHT FÜR FRANKFURTS UNTERGRUND

Wer in Frankfurt kennt ihn nicht, den Eingang der U-Bahn-Station ‚Bockenheimer Warte'? Ein Straßenbahnwagon des späten neunzehnten Jahrhunderts ist schräg in den Erdboden eingelassen und ebnet den Weg in die Tiefen des Untergrunds. Abseits aller weitläufigen Deutungen ist er auch ein Sinnbild für das teilweise Verschwinden des öffentlichen Nahverkehrs aus dem oberirdischen Großstadtbild, seitdem man mit dem aufwendigen Bau von U-Bahn-Tunneln begann. Die verkehrspolitischen Vorteile dieser Entwicklung liegen auf der Hand. Doch brachte sie für die Passagiere einen entscheidenden Nachteil mit sich: Den Verlust aller Sinneseindrücke, die man während einer Fahrt mit der Straßenbahn oder dem Bus vom Städteleben gewinnen kann. In Frankfurt hat man früh versucht, durch eine abwechslungsreiche Architektur der U-Bahnhöfe, diesem Verlust entgegenzuwirken. Zumeist orientiert sich die Gestaltung hierbei an den oberirdisch liegenden Quartieren oder Institutionen und ermöglicht so zugleich eine Orientierung im Stadtraum. Weil U-Bahn-Fahrten aber vornehmlich aus der Durchfahrt dunkler Tunnel bestehen, bleiben ihre Fahrgäste weiterhin arm an Sinneseindrücken und von der oberirdischen Stadt größtenteils abgetrennt.

Das Projekt „Main ins Dunkle bringen" setzt genau an dieser Stelle an. Es will den Frankfurter Weg einer vielgestaltigen U-Bahnhofs-Architektur an einer für die Stadt ganz entscheidenden Stelle auch auf das Tunnelgewölbe übertragen. Zwischen den Stationen Willy-Brandt-Platz und Schweizer Platz, dort wo die Züge der Linien U1, U2, U3 und U8 den Main unterqueren, sieht es eine Lichtinstallation vor. Entlang der 154 Meter, die direkt unter dem Flussbett des Mains liegen, sollen an den Wänden des Doppeltunnels LED-Module angebracht werden, die mithilfe einer Lichtschranke durch die passierenden Züge angeschaltet werden. In einem gewissen Abstand zueinander gehängt und mit weitstrahlenden Blautönen ausgestattet, ergeben sie ein zusammenhängendes Lichterspiel, das die Monotonie der Tunnelfahrt unterbricht. Ähnlich der U-Bahnstation des Essener Hauptbahnhofs

1

wird der Tunnelabschnitt mit einem Mal zu einer Art Unterwasserwelt. Nach erstmaligem Rätselraten um deren Sinn, das möglicherweise auch zum Austausch zwischen den Fahrgästen einlädt, schafft die Lichtinstallation in gleich zweifacher Hinsicht Bewusstsein. Sie ermöglicht, sich stets aufs Neue in der oberirdischen Stadt zu verorten, und verdeutlicht eindrücklich, was es eigentlich heißt, U-Bahn zu fahren. Ganz einfach, weil das plötzliche Wissen, sich gerade unter einem Fluss zu befinden, verlangt, das ‚U' von U-Bahn in seiner ganzen Dimension auszubuchstabieren.

Was einst prominent mit dem Begriff der Entfremdung für die immer komplexer werdenden Produktionsabläufe der industrialisierten Welt beschrieben wurde, nämlich das Auseinanderfallen der Arbeit in eng begrenzte Tätigkeitsfelder, die blind füreinander sind, keinen Blick mehr für ihren gesellschaftlichen Zusammenhang zulassen, ist auch auf die Stadt der Moderne übertragbar. Um ihre auswuchernden Flächen in einer überschaubaren Fahrzeit weiterhin zusammenzuhalten, forcierten die schnellwachsenden Städte den unterirdischen Transit. Gleichzeitig fielen die Stadtteile in unzusammenhängende Bereiche auseinander, auch weil sie durch die unterirdischen Wegeverbindungen fortan punktuell beschritten werden konnten. Die moderne Stadt geriet zum fragmentierten Gebilde und die Stadt als Ganze für ihre Bewohner zum leeren Begriff, ja zur privilegierten Disziplin weniger Bildungsbürger. Selbstredend ist der U-Bahn-Bau eher Ausdruck als alleiniger Grund dieser Entwicklung. Anstatt die Erfindung der U-Bahn anzufeinden, gälte es, sie als Chance zu begreifen. Durch eine vielseitige Gestaltung ihrer Bahnhöfe kann sie neue, alogische Verknüpfungen schaffen, lebensweltliche Eigenarten der Oberwelt verdichten und über die Stadttopographie aufklären. Nicht ohne Grund spricht man beim Streckennetz der U-Bahn auch vom Unbewussten einer Stadt, das zu erhellen, einen differenzierten Blick auf das Wesen der oberirdischen Stadt allererst freilegt.

Die Lichtinstallation im Maintunnel geht sogar noch einen Schritt weiter. Sie klärt über das U-Bahn-Fahren selbst auf. Nicht nur ermöglicht es ihr Verweis auf den oberirdischen Fluss, sich einen Begriff von der Tiefe der Fahrt zu verschaffen, ihre Beleuchtung setzt auch die für die U-Bahn entscheidende Architektur in Szene: den Tunnelbau. Für gewöhnlich ist dieser gar nicht wahrnehmbar und damit ebenso wenig die eigene Fortbewegung. Ohne als sich verändernder Raum wahrgenommen zu sein, spuckt der Tunnel den Fahrgast in aller Unvermitteltheit an einem anderen Ort aus. Durch den Lichteinfall der Installation wird mit dieser gängigen Raumwahrnehmung der U-Bahn-Fahrt gebrochen. Plötzlich wird der Innenraum der Wagons durchlässig und damit der Blick nach außen möglich - und mit ihm Erfahrungen von Raum und Geschwindigkeit.

Mit der Vorbereitung und Realisierung des Projekts „Main ins Dunkle bringen" bietet sich zudem die Möglichkeit, das kollektive Gedächtnis an den Bau des 26 Meter unter der Erde liegenden Tunnels und seine Fertigstellung vor gut 30 Jahren zu erinnern. Damals kamen zur Eröffnung des 327 Millionen teuren Neubaus sage und schreibe eine Viertelmillion Menschen zusammen, um den mittlerweile selbstverständlich gewordenen Streckenabschnitt zu feiern, der baulich durchaus ein Wagnis war. Der Fluss selbst hingegen war für das Leben der Stadt zu jener Zeit nur eine Randnotiz. Man hätte ihn am liebsten zubetoniert, wäre da nicht der Schiffsverkehr gewesen, so der Autor und Theatermacher Michael Herl. Anders als damals, ist der Main dank Uferpromenade und Museumsufer mittlerweile zur zentralen Lebensader Frankfurts und damit zu einer Institution geworden. Es ist also an der Zeit, dem Main neben der Alten Oper oder dem Schauspielhaus, dem Zoo oder dem Palmengarten unterirdisch ebenfalls zu einer Repräsentation zu verhelfen!

Narango.
Ein urbanes Kreuzworträtsel.

1	2	3	4	5	6	7	8	9	10	11

12	13	14	15	16	17	18	19	20	21	22	23	24	25	26	27	28	29

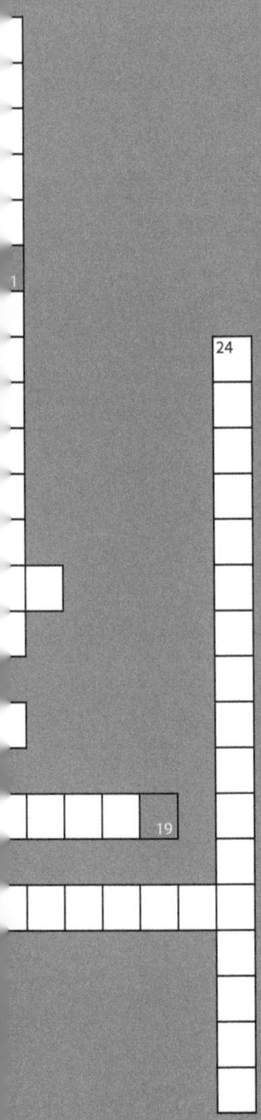

1. IATA TORONTO-PEARSON
2. FRANKFURTER KNOTEN
3. FRANKFURTER PARTNERSTADT
4. WAPPENKUNDE
5. MIESE STELLE
6. VIRTUELLER VORGESCHMACK
7. CORBUSIERS PROPORTIONSSYSTEM
8. BAUSTIL DES AFE-TURMS
9. WERBEMODIFIZIERUNG
10. EINE TECHNIK DER SITUATIONISTEN
11. GUTE REGIERUNGSFÜHRUNG
12. DORTMUNDER KREATIVVIERTEL
13. STÄDTISCHE UMNUTZUNG
14. VERFEINDETE NACHBARSTADT VON SPRINGFIELD
15. DES DOMHERREN HEIM
16. WELTGRÖSSTES BÜCHERDORF
17. HAUPTPLATZ VON MEXIKO-STADT
18. FRANKFURTER UNIVERSITÄT
19. RAUTENFÖRMIGER PFEFFERKUCHEN
20. FRANKFURTER SCHIFF
21. MASKOTTCHEN AM DORNBUSCH
22. ZÜGIG GEGEN SMOG
23. ALPINGEBLÄSE
24. RUND UM DEN HOF
25. URBANE SICHEL
26. BEKANNTER BLEISTIFTKONSTRUKTEUR
27. BALLUNGSRAUM-FRÜHKONZEPT
28. SPRACHE AUF VANUATU
29. SCHOTTISCHE KOMMUNIKATION
30. NORWEGISCHE BIODIVERSITÄTSMASSNAHME
31. URBAN STROM TRANKEN
32. ENGLISCHE ENTSTÄDTERUNG
33. PARIS SEIT 2016
34. KALIFORNISCHE KOMMUNIKATION
35. SKIORT
36. ERSTER BUNDESUMWELTMINISTER
37. BAUWERK DER FRANKFURTER SCHULE
38. UNGARISCHER SPASS
39. SCHWEIZER LAKTOSEDEPOT
40. MALERISCHE WANDPOLITIK
41. GREIFVOGELART DER HABICHTARTIGEN
42. RÄUMLICHES ORIENTIERUNGSSYSTEM
43. FRANKFURTER PARTNERSTADT
44. GROSSSTADT AN DER AA
45. DIE KLEINSTE DER GROSSEN
46. WELTKULTURERBE IM SAARLAND
47. JUNGFRAU AUF DER SÄULE & EXPOMONDÄN
48. DURCHBLICK
49. VERKEHRSMITTELVERTEILUNG
50. RÄUMLICHE ENTMISCHUNG
51. FRANKURTER UNIVERSITÄTSBAUMEISTER
52. DEZENTRALES MAHNMAL
53. INVERTIERTE WANDKUNST
54. ADLERDENKMAL
55. FLANELL-URBANIT
56. DOPPELHERRSCHAFT
57. NETZWERKINITIATIVE
58. JAPANISCHE STADTBEDROHUNG
59. HILTI-HEIMAT
60. UMLAND-VARIATION
61. GENUSS MIT SYSTEM
62. DER ANTI-ANALOG-SESSHAFTE
63. RÖMISCHER HÄUSERBLOCK
64. ZÜRCHER ORGANISATION
65. WELTKULTURERBESTÄTTE IN BA-WÜ
66. TOSKANISCHE IDEALSTADT
67. ALTMEISTER
68. RAUMREGISTER
69. STANKOWSKIS ATELIER PARTNER
70. KROATISCH VOKALFREI

DRUCK AUF STADT

Moderne Großstädte stehen unter Stress.

Selten - so scheint es - war das Zusammenspiel vom Angebot an Wohnraum und Kultur sowie den Möglichkeiten der Bedürfnisbefriedigung und Teilhabe so komplex, so umkämpft. Dabei gibt es zahlreiche soziale Gegenentwürfe zur dominierenden kapitalorientierten Marktlogik.
Ein Sondierungsversuch im Emailgespräch mit
Katharina Wagner
und Tim Schuster.

CHRISTOPH SIEGL (CS): Kein anderes stadtgesellschaftliches Thema beschäftigt Wissenschaft, Bürger, Politik und Medien so intensiv, wird so emotional geführt: Wohnen und die Wohnraumpolitik. Allen voran sorgt der Prozess der Reurbanisierung verbunden mit Wohnraumspekulation und Aufwertungsprozessen für einen immensen Druck auf den Stadtraum und führt zu tiefgreifenden Veränderungen in der urbanen Gesellschaft. Doch lässt sich diese Entwicklung nicht nur sozioökonomisch erklären. Die Ansprüche an das Wohnen sind vielfältiger geworden. Das einst überdominante Wohn- und Lebenskonzept der „Klein/Groß-Familie in einer Wohnung/Haus" hat Konkurrenz bekommen. Zahlreiche neue Konzepte versuchen sich als Antwort auf veränderte gesellschaftliche Bedingungen.
Welche neuen Wohn- und Lebenskonzepte (in unseren Städten) sehen Sie im Aufwind?
(Welche entstanden aus Sachzwängen?)

KATHARINA WAGNER (KW): Unbestritten werden Städte für Familien und insbesondere für ältere Menschen immer attraktiver. Betrachtet man den Frankfurter Wohnungsmarkt fällt auf, dass es aber gleichzeitig eine relativ große Wanderung ins Umland gibt. Ausschlaggebend dafür sind die etwas günstigeren Mietpreise und vor allem die Möglichkeit, sich räumlich zu vergrößern. Mich treibt die Frage um, wie Städte mit begrenzten Flächenressourcen auf den zunehmenden individuellen Wohnraumbedarf reagieren können. So wie wir uns überlegen, ob wir ein eigenes Auto brauchen, genauso müssen wir darüber nachdenken, ob wir ein eigenes Gästezimmer benötigen oder ein Wohnzimmer in dem große Familienfeste gefeiert werden können. Viele gemeinschaftliche Wohnprojekte thematisieren diesen Gedanken. Der Luxus liegt im Teilen – auf die Formel kann man es bringen. Ich bin mir sicher, dass diese Idee dem gemeinschaftlichen Wohnen Auftrieb gibt.

TIM SCHUSTER (TS): Interessant finde ich persönlich, dass die Suche nach alternativen Wohn- und Lebensmodellen heute alle Altersgruppen betrifft und dass sie nicht mehr nur innerhalb homogener Milieus stattfindet. Ein Beispiel in meinem näheren Umfeld ist das leider gescheiterte Wohnprojekt Philosophicum in Frankfurt Bockenheim: Da hatten sich an die hundertfünfzig sehr unterschiedliche Menschen zusammengeschlossen - ältere allein-

stehende Damen oder Paare, bei denen die Kinder aus dem Haus sind mit Studierenden, jungen Kleinfamilien, Menschen mit Behinderung etc. Interessant dabei war für mich der bewusst formulierte Anspruch, mit Menschen unterschiedlicher sozialer und kultureller Hintergründe solidarisch zusammen zu leben. Ich denke, dass ein solches Bedürfnis auch eine Reaktion auf die zunehmende Homogenisierung der Stadtviertel ist, die als Mangel an dem eigentlichen Versprechen der Stadt empfunden wird. Der Grund, warum es viele Menschen in die Stadt zieht, hat ja auch mit einer Qualität der Vielfalt zu tun. Insofern würde ich die Formel von dem Luxus des Teilens noch erweitern: von den geteilten Ressourcen auf geteilte Differenzen, im sozialen Hintergrund wie auch im persönlichen Erfahrungsschatz. Leider hat es solcher Luxus in der Umsetzung heute noch sehr schwer, so dass ich mir nicht sicher bin, ob man wirklich schon von einem „Aufwind" sprechen kann.

CS: Ohne zu tief in die Tagespolitik einzusteigen: Momentan (Februar 2016) beginnt die heiße Phase des Wahlkampfs in der Frankfurter Kommunalwahl. Das Thema Wohnen überlagert deutlich andere Themen. Dabei könnten die wohnungspolitischen Positionen der Parteien kaum weiter voneinander entfernt sein. Die Bandbreite reicht vom marktkonformen Laissez-faire („Der Markt regelt das schon") bis hin zu komplexen sozial-regulativen Eingriffen auf dem Wohnungsmarkt. Diese sind vom Bestreben nach „Wohnraum für Alle" begleitet und häufig (initial) mit gewissen Investitionen verbunden. Auf dem ersten Blick scheint auf umkämpften Wohnungsmärkten wie dem Frankfurter (leider) wenig Raum für renditeschwächere Projekte.
Welche Chancen bestehen für Wohn- und Kulturprojekte jenseits der Maximalrendite?

KW: Nicht nur auf den ersten Blick! Frankfurt ist eine Stadt mit sehr wenigen kommunalen Flächenreserven und entsprechend wenigen Spielräumen. Kommunen, die über große städtische Flächen verfügen, können diese beispielsweise zu Festpreisen an die sog. Bestandshalter der Wohnungswirtschaft weitergeben. Dazu zählen besonders die Genossenschaften, sie bauen für ihre Mitglieder zu sozialverträglichen Preisen und unterliegen nicht klassischen betriebswirtschaftlichen Renditezwängen. Dadurch können sie nicht jeden x-beliebigen

PHILOSOPHICUM.ORG

Grundstückspreis zahlen und haben bei der üblichen Praxis der Grundstücksvergabe das Nachsehen. Dennoch sehe ich im Genossenschaftsmodell und vor allem in der Kooperation zwischen traditionellen Genossenschaften und innovativen Projekten eine wichtige Chance. Die Unterstützung bei der Suche nach Liegenschaften ist der zweite maßgebliche Punkt, damit Projekte realisiert werden können. Genau aus diesem Grund hat die Stadt Frankfurt den Liegenschaftsfonds gegründet. Mit diesem Instrument sollen sowohl private als auch städtische Grundstücke, die der Markt bisher nicht angenommen hat, aktiviert werden. Das können kleinere Baulücken sein, aber auch größere Flächen mit Entwicklungshemmnissen. Interessierte Gruppen bewerben sich im sog. Konzeptverfahren und überzeugen mit ihrer Idee für das Quartier. Wir starten in diesem Frühling mit den ersten Verfahren und werden sehen, wie die Gruppen sie annehmen und die Stadtentwicklung langfristig davon profitiert.

TS: Bei einer Orientierung an Maximalrenditen haben alternative Wohn- und Kulturprojekte keine Chance – es sei denn, die öffentliche Hand subventioniert das, was ein privater Investor ansonsten als Mehrwert einstreichen würde. Das funktioniert in der Realität allerdings nicht und wäre sicher auch keine sinnvolle Lösung. Ich denke demgegenüber auch, dass etwa das Genossenschaftsmodell eine Chance ist, Wohnraum zu sozialverträglichen Preisen zu schaffen. Insofern ist der neue Liegenschaftsfonds ein gutes Signal: Er zeigt, dass die Stadt im Prinzip erkannt hat, dass der Markt allein keinen bezahlbaren Wohnraum schafft. Allerdings müsste der Schritt, wäre er konsequent gedacht, viel weiter gehen: Es kann nicht nur um die Aktivierung der wenigen Restflächen gehen, für die sich kein Investor mehr interessiert. Diese defensive Position kommt einer Kapitulation der Politik gegenüber der Marktlogik gleich. Demgegenüber würde eine aktive Wohnungspolitik Wohnraum dem Markt entziehen und dauerhaft von Renditezielen entkoppeln. Für eine derartige Wende ist die Ausgangslage in Frankfurt gar nicht mal so schlecht: Schließlich verfügt die kommunale Wohnungsbaugesellschaft ABG Frankfurt Holding bereits über ein Fünftel der Wohnungen. Leider agiert sie jedoch – und zwar auf Geheiß des Magistrats - profitorientiert. Um eine andere, erneut gemeinnützige Ausrichtung der ABG zu stützen, könnten u.a. bestehende Wohnungen und Flächen im großen Maßstab aufgekauft werden – so wie es etwa im Rahmen des Neuen Frankfurt in den zwanziger Jahren geschehen ist. Es gibt genug Beispiele dafür, dass Wohnraum, der in öffentlichen oder kollektiven Eigentumsmodellen gebaut und bewirtschaftet wird, dauerhaft günstige Mieten ermöglicht – es fehlt nur noch am politischen Willen, dies auch umzusetzen.

CS: Unabhängig von der Quantität dieser Maßnahmen sind qualitativ hochwertige Ansätze vorhanden - wie es scheint. Betrachten wir die Dimensionen der Maximalrenditeorientierung vs. gemeinschaftsorientierte Wohn- und Kulturprojekte: Wie steht Frankfurt im inter/nationalen Vergleich da? Gibt es Besonderheiten?

TS: Ich denke, gemeinschaftliche Wohnprojekte haben es - bei der derzeitigen Entwicklung des Immobilienmarktes - in den meisten europäischen Großstädten schwer. Allerdings weiß ich etwa von Berlin, Hamburg und Zürich, dass es dort deutlich mehr solcher Projekte gibt. Während die Projekte in Berlin zum Großteil noch aus Zeiten kommen, als viel leer stand und die Wohnungspreise im Keller waren, tun Hamburg und vor allem auch Zürich, also Städte, in denen die Mieten ähnlich teuer sind wie in Frankfurt, deutlich mehr, um solche Projekte aktiv zu fördern. Bei den Kulturprojekten sieht es ähnlich schwierig aus. Vieles in Frankfurt kommt aus den 70er und 80er Jahren, wie etwa das Künstlerhaus Mousonturm oder die Hausener Brotfabrik, als überall ehemalige Industriebauten leer standen. In die ist man dann halt reingegangen und hat was gemacht. Heute ist das kaum noch möglich, da hat man von Anfang an mit Verwertungsdruck zu kämpfen. Da fliegst du dann entweder sofort raus - wie bei den etwa ein dutzend Besetzungen der letzten Jahre geschehen - oder du kannst mal was über das Kreativwirtschaftsprogramm der Stadt kurzzeitig zwischennutzen. Aber schon dafür bist du wahrscheinlich mehr mit Business-Plänen beschäftigt als mit irgendwas anderem. Auf die Dauer verlieren unsere Städte auf diese Weise sehr viel an Lebensqualität.

KW: Andere Städte, wie z.B. Berlin, Zürich oder auch Wien verfügen über eine längere Tradition des gemeinschaftlichen und genossenschaftlichen

Bauens. Weil sie auf eine positive Praxis verweisen können, gelingt es dort, trotz der derzeitigen Entwicklungen auf dem Immobilienmarkt weiterhin Projekte umzusetzen. Das gilt besonders für Zürich und Wien, die entweder eine starke genossenschaftliche Szene oder eine lange Tradition des städtischen Wohnungsbaus haben. In Wien gibt es außerdem eine Kulturförderung, die auch die freie Szene kontinuierlich unterstützt. Den Frankfurter Wohninitiativen mangelt es nicht an Visionen und kreativen Ideen, in der Szene gibt es eine Fülle von guten Ansätzen. Das zeigt sich nicht zuletzt in den Aktivitäten rund um den Kulturcampus. Warum es dennoch wenige Projekte gibt, die mehr sind als ein in sich funktionierendes Wohnprojekt, hängt mit der Größe der umgesetzten Projekte zusammen. Um mehr als einen Gemeinschaftsraum zu bespielen, muss ein Projekt mit 10 Wohneinheiten ungleich mehr leisten als eines mit 80 Wohneinheiten. Leider schließt sich hier der Kreis zur geringen Flächenverfügbarkeit, denn in Frankfurt gibt es kaum große innerstädtische Flächen. Mir ist es wichtig zu betonen, dass Wohnprojekte, die über viele Wohneinheiten verfügen, auch Standorte mit wenig sozialer und kultureller Infrastruktur bespielen können. Große Projekte bringen durch ihre Bewohner_innen selbst kulturelles und soziales Kapital mit. Gerade benachteiligte Standorte generieren daraus einen erheblichen Mehrwert und ein Plus an Lebensqualität.

CS: Die beschriebenen alternativen Ansätze gibt es in zahlreichen Spielarten und werden in der Stadtforschung intensiv beforscht und debattiert. Verschiedene Begriffe - wie Kooperativer Urbanismus oder Urban Commons - sind Zugänge zur Stadt/Kultur die im Wesentlichen durch Gemeinschaftlichkeit, Inklusion, eine Bottom-Up-Mentalität und eine gewisse Entkommerzialisierung beschrieben werden können. Konkret bekannt geworden sind Praxen wie Urban Gardening, selbstverwaltete Räume und Sharing-Konzepte. Diese Grassroots-Bewegungen werden auch immer häufiger - entgegen ihrer ursprünglichen Idee - versucht von Stadtregierungen oder gar Unternehmen top-down in den Städten zu implementieren.
Inwiefern ist überhaupt eine Koexistenz non-kommenzieller, gemeinschaftlicher Ansätze in Wohn/Stadtkultur und einer strengen marktorientierten Stadt/Stadtökonomie möglich?

KW: Es gibt viele Städte, die zeigen, dass eine Koexistenz möglich ist, denn nicht alle Flächen sind in privater Hand. Wenn die Stadt einen Zugriff auf Flächen hat und diese beispielsweise an Genossenschaften, Bauherrengruppen, gemeinschaftliche Wohnprojekte und Kulturvereine vergibt, können andere Projekte entstehen. Frankfurt möchte mit dem Liegenschaftsfonds genau diesen Weg gehen, denn selbstverständlich muss es in einer Stadt Möglichkeiten für die beschriebenen Praxen geben. Dies ist auch im Sinne eines breiten bürgerschaftlichen Engagements und einer Beteiligungskultur.

TS: Ich denke auch, dass eine Koexistenz möglich ist. Es wäre ja schlimm, wenn das nicht ginge. Allerdings besteht tatsächlich die Gefahr der Vereinnahmung oder gar Instrumentalisierung solcher Projekte. Wenn etwa in einem Viertel, das gerade gentrifiziert wird, plötzlich Künstler die Möglichkeit zu Zwischennutzungen bekommen oder ein Urban Gardening Projekt ins Leben gerufen wird, sollten sich die Akteure sehr bewusst sein, nach welcher Logik hier vorgegangen wird und welche Rolle sie dabei möglicherweise spielen. Das ist dann der Punkt, wo es zwangsläufig politisch wird: Hier gilt es, Strategien zu entwickeln, um einer Instrumentalisierung zu entgehen. Wichtig ist es, das eigene Projekt nicht isoliert zu betrachten, sondern sich etwa mit den Nachbarn im Viertel zusammen zu tun und eine Gegenöffentlichkeit zu schaffen. Wenn das gelingt, dann kann ein gemeinschaftliches Projekt oder ein Commons mehr sein als ein privater Rückzugsort, sondern einer marktorientierten Stadtökonomie eine echte Alternative entgegensetzen.

CS: Das klingt ja nach guten Neuigkeiten. In ihren Beschreibungen wird deutlich, dass diese kooperativen, non-kommerziellen Ansätze eine gewisse Fragilität aufweisen, meist von temporärer Natur und/oder stark umkämpft sind.
Welche Möglichkeiten zur Festigung - Sie haben die Verschränkung mit der Nachbarschaft angesprochen - gibt es?
Sind solche Projekte von der Basis - sehr stark überspitzt - doch nur teils zweckentfremdete Vorreiter der Aufwertung?

KW: „Projekte von der Basis" sind für eine gesunde Stadtentwicklung ungemein wichtig. Städte sollen

ja bunt sein, Stadtteile und Quartiere ihren eigenen Charakter haben. Ich war gerade in Berlin und habe am Kongress des Bündnisses für bezahlbares Wohnen und Bauen teilgenommen. Eine wichtige Kernaussage war, dass Städte angesichts des Wachstums nicht nur Innenentwicklung betreiben können, auch neue Flächenausweisungen und eine Arrondierung sind notwendig. Bezogen auf unser Thema sind zwei Punkte für mich dabei spannend: Es gibt immer noch Stadtteile, die auf Grund ihrer Lage, verkehrlichen Anbindung und Infrastruktur weniger attraktiv sind. Um sie zu aktivieren, können alternative und soziokulturelle (Wohn-)Projekte eine Rolle spielen, sie verändern Nachbarschaften und langfristig das Image der Quartiere. Da wir es uns nicht leisten können, nur im innerstädtischen Bereich zu wohnen, müssen wir auch an verträgliche Außenentwicklung denken. Bei der Planung neuer Gebiete ist es sinnvoll, eine nachbarschaftliche Infrastruktur vorzusehen, die über eine Kita und Schule hinausgeht. Neue Stadtteile brauchen Begegnungsorte und Möglichkeitsräume, damit die Bewohnerschaft sich treffen und zusammenwachsen kann, denn räumliche Strukturen, gebaute Umgebungen können bürgerschaftliches Engagement – das wir uns als Städte wünschen – befördern. Eine gewisse Fragilität lässt sich nie ganz vermeiden, temporäre Nutzungen sind an sich nicht schlecht. Der Frankfurter Garten beispielsweise ist ein temporäres Projekt, das den Anstoß für viele kleine „Urban Gardening" Projekte in der Stadt gegeben hat. Wenn er irgendwann nicht mehr da ist, wird dennoch etwas bleiben.

TS: Ich bin da etwas skeptischer. Es ist zwar sicherlich richtig, dass auch ein temporäres gemeinschaftliches Projekt viele positive Effekte in der Stadt haben kann. Doch wenn solche Projekte nur noch als temporäre Nische denkbar sind, ist eine nachhaltige Entwicklung kaum mehr möglich. Insofern sehe ich in der Fragilität vieler nicht-kommerzieller Projekte - die von außen betrachtet vielleicht ihren Charme hat – zunehmend ein Problem. Das ist eine Art von Fragilität, die für alle Beteiligten mit einem unglaublichen Kraftaufwand verbunden ist. Dieser Punkt kommt mir in der Diskussion viel zu kurz: Die vielbeschworene „Buntheit" unserer Städte macht tatsächlich sehr viel Arbeit! Gemeinschaftliche Orte zu schaffen und aufrechtzuerhalten verlangt Energie und Zeit, über die viele Menschen, die einen Großteil ihrer Energie in die Erwirtschaftung der Miete stecken müssen, nicht mehr verfügen. Es ist paradox: Die unternehmerische Stadtpolitik zerstört permanent gesellschaftliche Werte, die dann im Nachhinein von einer kommunalen Politik zu immer teureren Preisen neu geschaffen werden müssen. Nachhaltig sind daran am ehesten die Anlagevermögen in den Immobilienfonds, während diejenigen, die die Urbanität eigentlich permanent produzieren, sich zunehmend verschleißen und am Ende resigniert zurückziehen. Die Gefahr ist, dass sich die von allen gewünschte Buntheit von einer gelebten Praxis immer mehr zu einer reinen Repräsentation von Stadt, einem zunehmend sterilen Abbild verwandelt, welches die sich dahinter ausbreitende Ödnis und Langeweile unserer Städte ebenso verdeckt wie die Frustration und Verzweiflung der Abgehängten, die in diesem Bild keinen Platz mehr finden. Diese Simulation der schönen bunten urbanen Welt kann langfristig nicht gutgehen. Ich denke, wir müssen uns als Stadtgesellschaft fragen, in welcher Stadt wir leben wollen, und welchen Raum wir darin dem Gemeinwesen einräumen wollen. Dabei werden wir nicht umhinkommen, bestehende Eigentumsverhältnisse in Frage zu stellen.

CS: Das bisherige Gespräch zeigt deutlich, dass viele dieser beschriebenen Phänomene mit dem verschärften Druck auf den Stadtraum und dessen Implikationen erklärbar sind. Zugleich wird seit Jahren eine immer engere Verschränkung der Kommunen im Rhein-Main-Gebiet (aktuell wieder intensiv Frankfurt-Offenbach) diskutiert und zuweilen auch umgesetzt. Dies geschieht in institutioneller Form allen voran durch den Regionalverband (und seiner Vorgänger). Analysen und Umfragen zeigen deutlich die äußerst unterschiedlichen Ansprüche, Bedürfnisse und zur Verfügung stehenden Ressourcen der Gemeinden und ihrer Bewohner. Es scheint als man müsse dies „nur abgleichen".
Inwiefern - und was müsste dazu geschehen - könnte der hohe Verwertungsdruck auf die hochverdichteten Stadträume durch eine intensivierte und vor allem handlungsfähige Regionalpolitik ihrer Meinung nach abgedämpft werden?

TS: Zunächst einmal muss man sich klar darüber sein, dass der Druck auf den Stadtraum von globalen, von Konjunkturen auf den Finanzmärkten abhängigen Mechanismen ausgeht, die von einer nationalen und europäischen Rechtsordnung sowie von regionalen und kommunalen Politiken gestützt werden. Die regionale Ebene ist darunter vermutlich die mit dem geringsten Einfluss. Dennoch halte ich es theoretisch für möglich, dass dieser Druck über eine verstärkte regionale Zusammenarbeit zumindest abgedämpft werden könnte. Es käme hier allerdings auf die Art und Weise der Zusammenarbeit an; In der Regel basiert ja auch das regionale Miteinander erst einmal auf der Grundannahme einer Standortkonkurrenz, ausgehend von der nach einem Ausgleich der Interessen zwischen einzelnen Akteuren gesucht wird. Eine wirklich andere Politik käme aber wohl erst dann zustande, wenn die Kommunen eine Stärkung ihrer Position gegenüber der Marktlogik als ihr gemeinsames Interesse erkennen würden. Ich bezweifle allerdings, dass dies in der gegebenen Konstellation realistisch ist – denn auch hier gibt es schließlich, wie auf jeder anderen Ebene, Verlierer und Gewinner. Wer tatsächlich etwas ändern möchte, kommt daher meiner Ansicht nach nicht um eine maßgebliche Veränderung der Politik und damit einhergehend der Eigentumsordnung herum. Die Politik der unternehmerischen Stadt, die selber ja nur Ausdruck der auf allen Ebenen dominanten Logik kapitalistischer Konkurrenz ist, entpuppt sich immer mehr als das, was sie von Anfang an gewesen ist: ein Instrument der Umverteilung, welches die dramatisch wachsende soziale Ungleichheit in Deutschland, Europa und der Welt maßgeblich mit zu verantworten hat. Ich denke, die Auseinandersetzung um diese sich zuspitzende soziale Frage muss und wird in Zukunft verstärkt in den Städten geführt werden.

KW: Wenn die Region Frankfurt weiterhin so viele Menschen anzieht und die Wachstumsprognosen eintreffen, wird die Bedeutung einer abgestimmten Regionalentwicklung zunehmen. Gerade der Raum Frankfurt-Offenbach wächst bereits enger zusammen, sei es im Wohnungsbau, aber auch bei kulturellen Veranstaltungen. Während der Luminale und zuvor während des Architektursommers wurden beide Städte räumlich durch einen beleuchteten Fahrradweg verbunden. Diese Projekte illustrieren das Zusammenwachsen der Region. Im gemeinschaftlichen Wohnen merken wir auch, dass immer mehr regionale Projektinitiativen Mitglied im Netzwerk Frankfurt für gemeinschaftliches Wohnen werden. Um auch kleine Kommunen bei der Projektentwicklung zu unterstützen, bräuchte es eigentlich eine regionale Koordinierungsstelle.

CS: Zum Abschluss eine letzte Frage: Was ist ihr jeweiliger Wunsch/ihre Forderung an den anderen? Was wünscht sich die Stadt von Initiativen und Bürgergruppen?
Was wünschen sich diese von der Stadt?

KW: Was sich die Stadt von den Initiativen und Bürgergruppen wünscht, kann ich nicht beantworten. Ich persönlich wünsche mir für meinen Arbeitsbereich das Zutrauen der Gruppen und Initiativen, dass wir in ihrem Sinne Stadt gestalten möchten und neue Formen des Wohnens etablieren wollen, jenseits des hochpreisigen Segments. In diesem Zusammenhang dürfen wir den Sozialen Wohnungsbau nicht vergessen, auch hier agiert die Stadt Frankfurt, um das Abschmelzen der Sozialwohnungsbestände zu verhindern. Wir wirken auf vielen Ebenen darauf hin, gemeinsam die Stadt zu entwickeln und als Wohnort für eine heterogene Bevölkerung zu erhalten. Darüber hinaus bin ich davon überzeugt, dass wir durch den Liegenschaftsfonds eine Offensive für das gemeinschaftliche Wohnen starten können, aus der sich auch Chancen für kulturelle und soziale Projekt ergeben, die wir konstruktiv und kooperativ mit den Initiativen der Basis gemeinsam nach vorne bringen. Um Prozesse innerhalb der Stadtverwaltung abzustimmen, braucht es die Zustimmung vieler Ebenen, manchmal dauert es länger als es sich die Bürger_innen wünschen. Hier hoffe ich auf mehr gegenseitiges Verständnis.

TS: Viele Mitarbeiter*innen der Stadtverwaltung machen heute sicherlich schon gute Arbeit. Meine Erfahrung ist, dass es in den Ämtern und bei vielen Politiker*innen gar nicht mal so sehr am guten Willen mangelt, die Dinge im Sinne auch der Initiativen zu gestalten. Allerdings braucht es dennoch eine grundsätzlich Wende in der Stadtpolitik, wie ich sie ja an einigen Punkten skizziert habe, denn sonst verpufft dieser gute Wille letztlich immer wieder angesichts der vermeintlichen ökonomischen und sonstigen Sachzwänge. Bei der Umsetzung gibt es also sicherlich noch Luft nach oben: Wenn man verfolgt, mit welchem Einsatz die Stadtregierung z.B. Investoren umwirbt, und was im Vergleich dazu am Ende die realen Bedingungen für Initiativen sind, dann herrscht eine ganz klare Diskrepanz. Wünschen würde ich mir daher, dass irgendwann alternative und solidarische Projekte mit mindestens der gleichen Energie umworben werden und de facto die gleichen Realisierungsmöglichkeiten haben wie der Investor, der seine Fondsmillionen in Frankfurt anlegen möchte. Wenn es eines Tages dazu kommt, denke ich, dass wir auf dem richtigen Weg sind.

CS: Herzlichen Dank für Ihre Antworten!

Katharina Wagner ist Diplom-Soziologin und im Amt für Wohnungswesen der Stadt Frankfurt am Main für das Thema gemeinschaftliches Wohnen, sowie für Beobachtung der Markt- und Mietpreisentwicklung zuständig.

Tim Schuster ist freischaffender Theatermacher. Er studierte in Frankfurt und Santiago de Chile Politologie, Geschichte, Germanistik und Volkswirtschaftslehre und promovierte in Theater- Film- und Medienwissenschaft. Er ist aktiv in der Initiative Offenes Haus der Kulturen, die das heutige Studierendenhaus auf dem Campus Bockenheim nach dem bevorstehenden Auszug des AStA als selbstverwaltetes Kulturzentrum weiterentwickeln möchte sowie in der Kampagne „Eine Stadt für Alle - Wem gehört die ABG?".

Photographien im Beitrag: csi

LAND SCHAFT DES AUTO MOBILS

Eine folgenreiche Begleiterscheinung des „Wirtschaftswunders“ war die Mitte des 20. Jahrhunderts einsetzende Massenmotorisierung. Da sich das Verkehrsaufkommen beständig erhöhte, orientierte man sich beim Wiederaufbau der im 2. Weltkrieg zerstörten Städte vielerorts am Leitbild der autogerechten Stadt. Dieses Konzept gilt heute als überholt, doch die jahrzehntelange Ausrichtung der Stadtplanung an dem Ziel, den motorisierten Individualverkehr möglichst reibungslos fließen zu lassen, prägt den urbanen Raum natürlich heute noch.

Ludwigshafen am Rhein zählt zu den ersten Städten Deutschlands, die autogerecht umgestaltet worden sind. Um die vielen Pendler zwischen Pfalz, BASF und Mannheim nicht im Stau stehen zu lassen und um die Innenstadt vom Durchgangsverkehr zu entlasten, ist im Zeitraum von 1955 bis 1980 ein geschlossenes Hochstraßensystem errichtet worden, ergänzt um zahlreiche Zubringer und mehrspurige Durchgangsstraßen.

Die Serie „Landschaft des Automobils“ untersucht unter anderem am Beispiel von Ludwigshafen, wie sich die Vorrangstellung des Autoverkehrs und die dafür geschaffene Infrastruktur auf den öffentlichen Raum auswirken.

MWM
P
P

P

skö

skö

UNTERIRDISCHE UNENDLICHKEITEN

DER FRANKFURTER U-BAHNHOF BOCKENHEIMER WARTE

Denkt man an Frankfurt, kommen einem gemeinhin die Wolkenkratzer der Mainmetropole in den Sinn. So sind die zusammenhängenden Hochhauspulks der amerikanischsten aller deutschen Städte etwas Besonderes – für die Bundesrepublik, aber auch für den gesamten europäischen Kontinent. Wenngleich nicht weithin sichtbar und ohne Breitenwirkung ist aber auch die unterirdische Stadtarchitektur Frankfurts vielerorts bemerkenswert. Gerade weil U-Bahn-Stationen ein Städtebild sehr viel weniger prägen und zumeist nur hastig durchschritten werden, ist es umso beachtlicher und damit ebenfalls eine Frankfurter Besonderheit, dass viele ihrer Stationen von hohem architektonischen Wert sind. Vor allem die Haltestellen der Linien U4 und U6 beziehungsweise U7 sind hierbei zu erwähnen. Ob Messe, Willy-Brandt-Platz, Dom/Römer oder Ostbahnhof, Zoo, Alte Oper und Westend: Alle Stationen bezeugen architektonische Raffinesse und setzen die oberirdischen Lebenswelten der Stadt vielgestaltig fort. Ihre Gestaltung ist dabei weder so prunkvoll wie die altehrwürdigen Hallen der Moskauer U-Bahn, noch so effekthascherisch wie die als ‚Kunst' sich geradezu aufdrängenden Metrostationen Neapels. Aber allein, dass sie in hoher Dichte einen sensiblen Gestaltungswillen aufweisen, unterscheidet sie von den meisten U-Bahnhöfen anderer deutscher Großstädte.

Die wohl herausragendste aller Frankfurter Stationen, die als Umsteigestation vorgenannte Linien zusammenführt, ist der U-Bahnhof Bockenheimer Warte unweit des alten Campus' der Goethe Universität. Bereits einer seiner Eingänge weiß zu beeindrucken. Ähnlich den surrealistischen Bildern René Magrittes steht man bei diesem vor einer bildgewordenen Erzählung, deren Interpretationen allesamt ins Leere laufen. Ein Straßenbahnwagon des späten 19. Jahrhunderts hat aus dem Untergrund kommend den Gehweg schräg nach oben hin aufgebrochen und scheint nur so allererst zum Stillstand gekommen. Etwa die Hälfte des Wagons liegt frei und geleitet in die Tiefen der Station, drumherum Geröll und durchbrochenes Straßenpflaster. Doch was hatte eine Straßenbahn um Himmelswillen untertags verloren, fragt sich der Deutende. Und warum sehen wir einen Wagon und nicht den immer vorneweg fahrenden Triebwagen? So wirklich passt das nicht zusammen. Marx notierte einmal, Revolutionen seien die Lokomotiven der Geschichte. Vielleicht sieht so ja das Ergebnis der gescheiterten 68er-Revolte aus, die neben Westberlin bekanntlich in Frankfurt ihr Zentrum hatte. Mancher könnte sich in seinem Vorwurf bestätigt sehen, dass man versuchte, der Gegenwart mit veralteten Begriffen von Imperialismus und Klassenkampf Herr zu werden – so unpassend wie ein alter Straßenbahnwagon auf U-Bahngleisen – andere erkennen in der fehlenden Lok vielleicht die den Studierenden damals fehlende Massenbasis.

Dass etwas zum Stillstand gekommen ist, vergangene Impulse verloren gegangen sind, macht einem das Innere der Umsteigestation verständlich. Die Bahnsteige der hier auf gleichen Gleisen verkehrenden Linien U6 und U7 sind mit zahlreichen Schwarz-Weiß-Aufnahmen der Fotografin Barbara Klemm gesäumt, die den universitären Alltag der Goethe-Universität Mitte der 80er Jahre zeigen – zu einer Zeit als noch keiner wissen konnte, dass dreißig Jahre später die meisten Institute den an die Station angrenzenden Campus längst geräumt haben werden, um fortan auf dem IG-Farben-Gelände im Westend zu residieren. Ein gut besuchter Lesesaal ist zu sehen oder ein kniender Student vor einem vollgehängten Anzeigenbrett. Eine andere Aufnahme zeigt den mittlerweile verstorbenen Adorno-Schüler Alfred Schmidt bei einem seiner Seminare – mit Aktenkoffer und verbissenem Blick. Weitere Motive sind ein überfüllter Hörsaal während einer studentischen Vollversammlung, die sich bloß modisch von denen der späten 60er unterscheidet, eine vor ihren Staffeleien sich selbst überlassene Malklasse im Fachbereich Kunsterziehung, die DDR-Schriftstellerin Christa Wolf bei ihrer Poetik-Gastvorlesung, oder aber ein neugeborenes Kind im Kreis forschungswütiger Akademiker.

Ihnen allen gemeinsam ist ihre uns heute merkwürdig erwachsen erscheinende Physiognomie. Es fällt auf, dass keiner hinter die Architektur des Raums zurücktritt, dass keines ihrer Lächeln für die Institution wirbt, die sie beherbergt, und damit instrumentell entmündigt wäre. Ja, sie alle stehen bemerkenswert souverän im eigenen Leben. Der Kniff der Station ist, dass sie uns mit dieser Wahrnehmung nicht unbedarft in den gleich einfahrenden Zug steigen lässt – denn plötzlich erblicken wir uns selbst. Links und rechts jeder Auf-

U

nahme sind Spiegelstreifen angebracht, in denen wir uns beim Betrachten der Fotografien mit einem Mal selbst zu Gesicht bekommen. Gleichsam werden auch wir im Spiegel zur Momentaufnahme und damit wird nicht weniger als die gängige Illusion zerstört, Aufnahmen einer anderen Zeit seien gewissermaßen auch Aufnahmen aus einer anderen Welt und damit weit weg von uns. Augenblicklich gehen uns die fotografierten Menschen ganz unmittelbar etwas an, weil wir uns vor uns selbst abgebildet sehen und damit zu begreifen gezwungen sind: Diese Situationen waren genauso gegenwärtig wie wir jetzt es sind. So verstörend der Gedanke ist: es gibt nur diese eine beständig fortwährende Gegenwart. Die Menschen, die da waren und so nicht mehr sind, fehlen, weil sie hier und jetzt waren.

Die Einsicht, dass jeder gegenwärtige Moment unwiederholbar vergeht, obschon das Leben in seiner physischen und damit fotografierbaren Realität einzig aus diesem besteht, lässt das Denken kurzerhand ins Leere laufen, in die leere Unendlichkeit. Bereits in der Verteilerhalle konfrontiert Architekt Ulrich Nieper die Passanten seiner Station mit der räumlichen Unendlichkeit, indem er sie durch einen scheinbar nicht enden wollenden Säulenwald laufen lässt. Rund 65 Säulen und Halbsäulen sind zu zählen, die keinerlei tragende Funktion haben. Als raumbildende Elemente aber schaffen sie die Illusion des nicht enden wollenden Raums, die zusätzlich noch von den großen Spiegelflächen an den Wänden der weitläufigen Verteilerhalle gestützt wird. Wie jeder Sinn aus der ins Unendliche aufgesprengten Zeit zerrinnt, so geht auch jede räumliche Ordnung ohne Begrenzung verloren. Um diesen Gefahren von Raum und Zeit zu entkommen, erfand der Mensch laut Nietzsche einst die Schrift. Das ureigenste Medium von Religion und Wissenschaft, die beiderseits einen jenseitigen Halt versprechen.

Ob Zufall oder nicht: Ein integraler Bestandteil der Station ist die angrenzende Universitätsbibliothek. So gab es lange Zeit einen direkten, unterirdischen Zugang zu dieser, gar eine Bücherausleihe auf der Verteilerebene. Die mittlerweile leeren Glasvitrinen dienten zur Präsentation neuer Publikationen. Architektonisch bestimmender noch war die Einbeziehung der Bibliothek bei der Gestaltung der Bahnsteighalle der U4, deren Bau im Jahr 2001 abgeschlossen wurde. Ursprünglich zum Ausbau für ein späteres Buchlager gedacht, zog man eine für U-Bahn-Stationen ungewöhnlich hohe Decke ein. Doch weil auch die Universitätsbibliothek eines Tages auf dem neuen Westend-Campus unterkommen wird, verzichtete man schließlich auf die noch fehlende Zwischendecke. Und so ist zumindest an dieser Stelle das Verschwinden der Bibliothek aus dem Stationsleben zu begrüßen. Wenngleich nicht intendiert, ist die weitläufige Bahnhalle der U4 zu einem weiteren, imposanten Gestaltungselement geworden. Vor allem bei der Fahrt hinunter mit dem gläsernen Lift entfaltet die neuere der beiden Hallen eine fast sakrale Wirkung. Direkt an den Bahnsteigen sind zudem weitere, jüngere Schwarz-Weiß-Aufnahmen des Fotojournalisten Mirko Krizanovic angebracht. Abgebildet ist erneut das studentische Leben der Goethe-Universität, beispielsweise die Umrisse einer Frau, die abseits allen Trubels aus einem der obersten Stockwerke des mittlerweile gesprengten AfE-Turms schaut – entrückt und doch mittendrin im Himmelreich der Bankentürme. Der Großteil der Fotografien beider Bahnsteige jedoch ist farbig und zeigt Motive aus der Tier- und Pflanzenwelt. Hintergrund sind das sich in unmittelbarer Nachbarschaft befindende Naturkundemuseum Senckenberg und der nahegelegene Palmengarten.

Zu klären bleibt, wie der Unendlichkeit zu entkommen ist, wenn die unterirdische Pforte zur Bibliothek fortan geschlossen bleibt. Die mögliche Antwort liefert eine wuchtige Säule mit einem zweieinhalb mal zweieinhalb Meter großen und 550 Kilo schweren, aus Bronze gegossenen Kissen. Sie ist der optische Mittelpunkt der Verteilerebene, den wir bisher verschwiegen haben. Die (von dem Bildhauer Richard Heß geschaffene) Säule steht auf der Lichtung in dem von Nieper geschaffenen Säulenwald. Auf sie geht die Beleuchtung zu. Radial angeordnete Führungsgitter betonen in strenger Geometrie ihren zentralen Charakter. Ein architektonischer Witz: Anstelle eines Kapitells mit seinen Voluten und floraler Ornamentik, erscheint die Nachbildung eines Sofakissens, das an seinen Seiten große Außenwulste aufweist, so als quetsche die Last der Decke die Polsterung zu Seite. Damit wird nicht weniger als der Glaube vorgeführt, es gäbe eine natürliche, ja ursprüngliche Architek-

tursprache, aus der man sich auf alle Zeit zu bedienen habe. Für diese steht das Kapitell prototypisch. Einst als formale Lösung zur Überleitung vom Rund der Säule zur quadratischen Deckplatte gestaltet, geriet es in seinen klassischen Ausformungen schließlich zur zweiten Natur. Kein Wunder, dass die „großen Erzählungen" vergangener Jahrhunderte sich baulich derart schmückten, meinten sie doch auf ewig zu bestehen. Aus vermeintlicher Geschichtlichkeit wurde so leere Unendlichkeit. Das gequetschte Kissen aus Bronze anstelle des Kapitells entlarvt die großen Erzählungen ohne selbst eine zu sein. Als Witz begnügt es sich mit der Gegenwart. Die Säule ist gleichwohl dekonstruktiv wie aufklärerisch. Sie gibt Auskunft über ihre tragende Funktion und weil sie spezifisch gestaltet ist, uns zu verstehen: Alles ist profan, weil von Menschen gemacht und nicht natürlich gewachsen. Das Leben ist veränderlich, die Gegenwart qualitativ verschieden; nicht zuletzt weil der Witz in seiner Wiederholung schal wird.

Doch bleibt Niepers Station keineswegs bei der bloßen Ironisierung stehen. Der Einsicht in die Konstruiertheit jeder Erzählung stellt er ein Korrektiv zur Seite. An mehreren Ein- beziehungsweise Ausgängen der Station hängen historische Stadtaufnahmen. Sie zeigen die Architektur des Vor- und Nachkriegs-Frankfurt. Die drastischen Veränderungen sind als Wunden, aber auch als Lehren der Zeit zu lesen. Sie dokumentieren, dass die Geschichte eine Ethik verlangt, die nicht schreiben kann, wer sich auf Dauer mit dem Witz begnügt. Der Architekt Ferdinand Kramer, der vor den Nazis geflohen war und auf Betreiben des zuvor ebenfalls emigrierten und 1951 zum Hochschulrektor gewählten Max Horkheimer zurück nach Frankfurt kam, um schließlich 23 Universitätsbauten zu entwerfen, schrieb an dieser Ethik auf seine Weise mit. Das neobarocke Portal des vom Krieg weitestgehend unversehrten Hauptgebäudes der Goethe-Universität mit seinen Säulen und allegorischen Figuren ließ Kramer abschlagen und durch einen großen, gläsernen Eingangsbereich ersetzen, der im Inneren auf das ins Erdgeschoss verlegte Rektorat ausgerichtet war. So machte er baulich bereits Ernst mit dem, was von Hamburger Studierenden später mit dem berühmt gewordenen Transparent „Unter den Talaren – der Muff von 1000 Jahren" angeprangert werden sollte. Seine Gebäude und Möbel sind von der Absicht durchdrungen, keine Arbeitsatmosphäre schaffen zu wollen, sondern eine Atmosphäre, um zu arbeiten, in der der Einzelne sich nicht im Angesicht mächtiger Geschichte klein zu fühlen hat, sondern demokratisch an Geschichte mitwirken kann. Vielleicht erklärt diese Haltung auch das Zustandekommen der weiter oben im Text beschriebenen Souveränität, die Barbara Klemm mit ihren Fotografien vor und in Kramers Bauten vielfach eingefangen hat – eine Souveränität, die die Station Bockenheimer Warte über Umwege auch von ihren Besuchern einfordert, schon allein um die nächste U-Bahn nicht zu verpassen.

aum
kkh

NUDGING (IN) THE CITY

Nudging (engl.: "schubsen") ist ein neuer, vielen noch unbekannter Begriff, der jedoch immer wieder im Kontext der Verhaltensökonomie auftaucht. Besonders, wenn man der Frage nachgeht, wie eine „Entscheidungsarchitektur" gestaltet werden muss, damit Menschen von sich aus ihr Verhalten ändern und diese Verhaltensänderung bereitwillig akzeptieren. Nudging ist maßgeblich durch den Wirtschaftswissenschaftler Richard Thaler und den Rechtswissenschaftler Cass Sunstein geprägt und bezeichnet einen Ansatz, bei dem das menschliche Verhalten durch kleine, subtile Anschubser auf vorhersagbare Weise beeinflusst werden soll, ohne dabei Verbote und Gebote einsetzen zu müssen oder ökonomische Anreize einzuführen. Im Nudging-Ansatz fließen die Erkenntnisse von Neurowissenschaften und Ökonomie zusammen - kurz: Neuroökonomie.

Gerade im Stadtplanungskontext gibt es immer wieder Versuche und Ansätze, Nudging einzusetzen - zum Teil recht erfolgreich. Was kann man damit erreichen? Warum ist es wichtig, Verhaltenspsychologie im Stadtplanungskontext anzuwenden? Bevor auf diese Fragen eingegangen wird, lohnt sich ein Exkurs in die Geschichte des Nudge, sowie die Verdeutlichung des Prinzips anhand lebensnaher Beispiele.

MENSCHLICHE BEDÜRFNISSE UND DIE KUNST DER PUBLIC RELATIONS

Spätestens seit Sigmund Freud, dem Begründer der Psychoanalyse, studieren Verhaltensforscher unsere Entscheidungen. Zunehmend wurde deutlich, dass Menschen kurzfristig und irrational handeln. Das idealisierte Modell vom Menschen als Homo oeconomicus wird nur unter bestimmten Gesichtspunkten oder kontrollierten Bedingungen erfüllt. Mittels Verhaltensökonomie wird diese menschliche "Schwäche" im Kaufverhalten, bei Verhandlungen oder der Wahl zwischen mehreren Optionen genauer untersucht und beweist, dass das scheinbar chaotische, zufällige oder willkürliche Verhalten System hat. Unsere Unvernunft lässt sich sogar vorhersagen. Schon früh erkannte man die Möglichkeit, Menschen mit Tricks zu verführen und zu manipulieren - was vor allem die Werbung gerne für sich nutzt. Als frühes, wegbereitendes Buch wäre hier „Propaganda - die Kunst der Public Relations" von Edward Bernays aus dem Jahr 1928 zu nennen. Edward Bernays, der Neffe von Sigmund Freud, und Ivy Lee gelten als die Begründer der Public Relations. Mit ihren Büchern beeinflussten sie die Massenmedien, Imagekampagnen und politischen Berater des 20. Jahrhunderts, indem sie Mittel und Ansätze schufen, komplexe Zusammenhänge für ein Laienpublikum verständlich und nachvollziehbar aufzubereiten. „Die bewusste und zielgerichtete Manipulation der Verhaltensweisen und Einstellungen der Masse ist ein wesentlicher Bestandteil demokratischer Gesellschaften. Organisationen, die im Verborgenen arbeiten, lenken die gesellschaftlichen Abläufe. Sie sind die eigentlichen Regierungen" (Bernays 1928:19).

Das Prinzip des Nudging ist also kein neues Phänomen, sondern seit Jahrzehnten tief in der Öffentlichkeitsarbeit von Regierungen und Organisationen verwurzelt. So zählten US-Regierungen und multinationale Großkonzerne zu den Klienten Bernays. Ihm war klar, dass seine Methoden nicht immer zum besten Zweck eingesetzt werden, auch wenn er mehrfach betonte, dass er nur das Beste im Sinn hat. „Der Öffentlichkeit werden die Methoden, mit denen ihre Meinungen und Gewohnheiten geformt werden sollen, immer mehr bewusst. [...] Egal wie feinfühlig oder gar zynisch die Öffentlichkeit im Hinblick auf die Methoden der Publicity wird - sie wird weiterhin auf gewisse grundlegende Reize reagieren, denn sie wird immer Nahrung brauchen, sich nach Unterhaltung und Schönheit sehnen und sich einer Führung unterordnen. [...] Propaganda wird niemals sterben. Kluge Menschen müssen sich darüber klar werden, dass Propaganda das moderne Instrument ist, mit dem sie für konstruktive Ziele kämpfen können, und das ihnen hilft Ordnung ins Chaos zu bringen" (Bernays 1928:133).

EIN KLEINER SCHUBS FÜR DICH, EIN GROSSER SCHRITT FÜR DIE MENSCHHEIT

Die Autoren des Buches „Nudge. Improving Decisions About Health, Wealth, and Happiness" (Thaler & Sunstein, 2008) prägen den Begriff des "libertären Paternalismus" im Zusammenhang mit Nudging. Ihnen ist klar, dass die Wortwahl eher abschreckend als auffordernd auf den Leser wirkt. Sie argumentieren, dass beide Konzepte einen

► Ein primär bei Männern bekanner Nudge.

Common Sense bilden, bei dem die positiven Aspekte hervortreten: Unter Berücksichtigung des Grundgedankens, dass schließlich jede Person selbst frei entscheiden kann, gewissen Aufforderungen nachzukommen (libertär), plädieren sie für die Legitimität, Personen zu beeinflussen (Paternalismus), ihr Leben vorausschauender, gesünder und nachhaltiger zu gestalten.

Untersuchungen von Verhaltensökonomen zeigen, dass Menschen zwar oft das Wohl der anderen im Sinn haben, jedoch auch das Beste für sich selbst erreichen möchten. Dabei handeln Menschen nicht rational oder sammeln alle verfügbaren Informationen, um eine nüchterne und langfristige Entscheidung zu treffen. Im Gegenteil: Menschen tendieren zur Unvernunft und Kurzfristigkeit - über die Folgen machen sich die wenigsten Gedanken. Die zunehmende Komplexität des Alltags trägt ihr Übriges dazu bei.

Zwei praktische Beispiele für Nudges im Berufsleben: Zur Ressourcenschonung drucken Drucker in der Standardeinstellung doppelseitig. Neue Mitarbeiter werden automatisch in die betriebliche Altersvorsorge aufgenommen, sofern sie nicht schriftlich widersprechen. Die Mehrheit der Menschen akzeptiert diesen Status quo. Kurzum: beim Nudging geht es darum, Einstellungen oder Entscheidungsarchitekturen zu schaffen, zu deren Einrichtung wir als irrational und kurzfristig handelnde Wesen kein gesteigertes Interesse haben. Gleichzeitig lässt der libertäre Ansatz im Nuding jedem Individuum die Möglichkeit, den Status quo auf das eigene Bedürfnis anzupassen, wobei jedoch aktives Handeln notwendig ist.

Paternalismus existiert in vielen Formen von Verboten und Geboten in allen Situationen des täglichen Lebens, sei es das Anschnallen im Auto, staatliche Altersvorsorge, oder ein schwacher Paternalismus in Form von Subventionen für Kultureinrichtungen. Getreu dem Prinzip von Zuckerbrot und Peitsche verursachen heute vor allem Neoliberalismus und Paternalismus ein gesellschaftliches Spannungsfeld, das den Menschen missfällt. Zwischen paternalistischen Ge- und Verboten bietet die libertäre Idee des Nudgings ein alternatives politisches Instrument, Menschen ein Gefühl von Selbstbestimmung und Freiheit zu geben, und dennoch die gewünschten Verhaltensweisen herbeizuführen. Die folgenden Beispiele verdeutlichen, welche Möglichkeiten „staatliches" Nudging bietet.

ORGANSPENDE IN DEUTSCHLAND UND ÖSTERREICH

Im deutschen Organspendesystem müssen Personen mittels aufwändiger Werbe- und Aufklärungskampagnen fortwährend über das Konzept und die gesellschaftliche Notwendigkeit der Organspende aufgeklärt werden. Jeder Person steht es frei, sich für das Programm zu registrieren, was jedoch oft an Prokrastination und Desinteresse der möglichen Spender scheitert, obwohl die meisten Menschen weder ethische noch persönliche Probleme damit hätten, Spender zu sein. Im österreichischen System findet sich ein Nudge: Alle Bürger sind per se Organspender und müssen sich individuell dagegen entscheiden, was jedoch mit persönlichem Aufwand verbunden ist.

UMWELTSCHUTZ

Die britische Regierung hatte ein Förderprogramm zur besseren Isolation von Hausdächern mit dem Ziel der Energieeinsparung aufgelegt. Die Bürger hätten von massiven Kosteneinsparungen und einem reduzierten Co2-Ausstoß profitieren können, ohne größere Eigeninvestitionen zu tätigen. Jedoch wurde das Programm trotz beträchtlicher Subventionen sowie Klimaschutzaspekt kaum in Anspruch genommen. Es stellte sich heraus, dass der Wille zur Sanierung bei der Bevölkerung zwar vorhanden war, jedoch nicht die Motivation, den Dachboden zur Vorbereitung der Bauarbeiten zu entrümpeln. Es wurde ein weiteres Förderprogramm zur kostenlosen Entrümpelung der Dachböden aufgelegt - nun nahmen deutlich mehr Bürger die Möglichkeit wahr, ihr Dach zu isolieren.

Nudges sind nicht immer auf den ersten Blick logisch und müssen manchmal unter einem "Design-Thinking-Aspekt" betrachtet werden. Der Ansatz des Design Thinking zielt auf die Lösung von Problemen durch die Entwicklung neuer Ideen ab, wobei die Probleme jedoch aus der Nutzer- und Anwendersicht statt aus der Sicht der Entscheider angegangen werden, was einen Perspektivwechsel mit sich bringt.

Das Konzept des Nudgings bleibt jedoch nicht kritiklos. Von verhaltenspsychologischer Seite gibt es auch Stimmen, die das „irrationale" Verhalten des Menschen infrage stellen, bzw. eine unbewusste Intelligenz vermuten. Auch der paternalistische Ansatz und die Inkorporation in politische Systeme wird aus rechtswissenschaftlicher Perspektive zuweilen kritisiert und als subtiler Eingriff in die Grundrechte gesehen.

NUDGING IN DER STADT?

Nudging kann auch im Bereich der Stadtplanung Anwendung finden. Was ist die schubsende Stadt

999
ONLY
PUSH ANY BUTTONS
FOR CONNECTION
BT
1
2
3

oder wer sind die Schubser in der Stadt? Städtebau ist und war schon immer von gesellschaftlichen, politischen, ökonomischen und ökologischen Einflüssen geprägt. Jedoch scheint dieser Aspekt in der Wissenschaft, Lehre und Anwendung selten gezielt bedacht, verstanden oder angewendet zu werden; ebensowenig das Verhalten der in diesen Städten lebenden Menschen. In der Praxis sitzt sicher kein Verhaltspsychologe in einer Magistratssitzung, einem städtebaulichen Ausschuss oder dem Bau- oder Umweltamt, wenn es darum geht, über neue Konzepte für die Verbesserung zur Organisation des Lebens in einer Stadt zu entscheiden.

Autoren wie Jane Jacobs, Alexander Mitscherlich und Kevin Lynch haben in ihren Werken den Zusammenhang von Verhaltenspsychologie und Städtebau erkannt und dargelegt. Jedoch, was haben Stadtplaner, Architekten und Bürgerbewegungen daraus gelernt?

Thaler und Sunstein widmen dem Thema Umweltschutz in ihrem Buch ein ganzes Kapitel, um darzulegen, wie man ohne aggressive, regulatorische politische Maßnahmen und ohne enormen finanziellen Aufwand die Umwelt schonen kann. Wie kann Nudging im städtischen Umweltschutz Anwendung finden? Schließlich gelten Städte als die größten Umweltverschmutzter. Angesichts ihrer baulichen Dichte und kurzen Wege scheint dies widersprüchlich, jedoch wird in den Städten auf engstem Raum ein großer Anteil der globalen Ressourcen verbraucht. Außerdem erhalten Stadtbewohner kein direktes Feedback zu ihrem Umweltverhalten - und selbst wenn sie über die Folgen informiert sind, tendieren sie, wie bereits ausgeführt, zu kurzfristigen Handlungen und Bequemlichkeit bis hin zur Ignoranz. Als Beispiel sind die wiederholt auftretenden Smogprobleme in Großstädten zu nennen, obwohl den Menschen klar ist, dass sie durch die eigene Mobilität und das Energieverhalten ausgelöst werden. Bei einem guten Nudging-Ansatz kann man auf das Aussprechen von Verboten, z.B. Fahrverboten, oder die Erhöhung von Gebühren verzichten. Vielmehr hat sich gezeigt, dass mit gezielter Information und Aufklärung, sowie Gamification (Anwendung spieltypischer Elemente) die Menschen zu einem Umdenken im Handeln motiviert werden können. Personen sind offener für Recycling, wenn man auf die Mülltonnen den Namen der im näheren Wohnumfeld befindlichen Müllhalde schreibt. Menschen reduzieren bewusst ihren Energieverbrauch, wenn sie ihren Verbrauch auf der Jahresabrechnung mit dem der Nachbarn vergleichen können, wie Untersuchungen in den USA gezeigt haben. Dank technologischer Innovationen können kleine Helfer und Programme dafür sorgen, dass Menschen ein direktes Feedback zu ihrem Verhalten bekommen. Ein Beispiel hierfür sind Armaturenbrettanzeigen in Autos, die das vorausschauende Fahren und Einsparen von Kraftstoffverbrauch visuell, z.B. durch Smileys oder Balkendiagramme belohnen. Ein „look right" Hinweis auf den Straßen Londons hingegen bewirkt, dass weniger Touristen von Autos angefahren werden. Ein ähnlich simpler Nudge rettet auf den Bahnsteigen der Tokioter U-Bahn Menschenleben: Ursprünglich standen die Sitzbänke parallel zum Bahngleis. Immer wieder stolperten betrunkene Fahrgäste beim Aufstehen auf das Gleisbett und kamen um. Durch das Drehen der Bänke um 90 Grad stolpern die Betrunkenen nun gegen die Stützsäulen. In ihrem Buch zeigen Thaler und Sunstein die Wichtigkeit auf, den passenden Nudge für die jeweilige Umgebung zu finden: Regelmäßig kam es zu schweren Unfällen auf dem stark gewundenen Lake Shore Drive in Chicago. Warnhinweise und Schilder mit Geschwindigkeitsbegrenzungen waren zwecklos, da die Fahrer ihre eigenen Fähigkeiten überschätzten. Erst mit dem Aufmalen sich verengender Streifen in der Kurve konnten die Unfälle reduziert werden. Mit diesem Trick wird dem Gehirn eine Geschwindigkeitserhöhung vorgetäuscht, der natürliche Instinkt lässt die Fahrer bremsen. Ausgehend von diesem Beispiel lohnt es sich, im Zusammenhang von Stadtplanung die Ausweitung von Verboten, Geboten, Strafen und regulierenden Maßnahmen in einigen Zusammenhängen zu hinterfragen.

Wie nimmt unser kognitives System eine beschilderte Tempo-30-Zone in einem durch Zeilenbau geprägten Wohngebiet wahr, das große Grünflächen enthält? Welche Geschwindigkeit fahren wir in einem unbeschilderten Stadtteil mit Mischnutzung und Blockrandbebauung? Was würde passieren, wenn man im Stadtteil mit Zeilenbauweise die Abstände zwischen den Häusern enger gestaltet und dafür auf Schilder verzichtet? Könnte man Stadtmöbel schaffen, die einen unbewussten Einfluss

auf das Fahrverhalten haben? Was würde passieren, wenn man die undefinierte Grünfläche zwischen den Häusern zu öffentlichen Plätzen umgestaltet, die sich zur Straße hin orientieren? Das städtebauliche Prinzip der „shared spaces", was durch Auflösung der getrennten Räume für Fußgänger, Autofahrer, etc. realisiert wird, eliminiert festgelegte Grenzen und fordert somit zur Achtsamkeit und Umsicht aller Beteiligten auf. Viele Städte haben die Planungsphilosophie des shared space erfolgreich eingeführt.

Schlussendlich geht es immer um gut gestaltete und nachvollziehbare Entscheidungsarchitekturen. Hierbei hilft der Ansatz des Design Thinking, da durch Nutzerorientierung der Prozess verbessert, bzw. annehmbar gestaltet wird. Die Stadt Kopenhagen hat beispielsweise schräggestellte Mülleimer an den Fahrradautobahnen aufgestellt, damit die Radfahrer im Vorbeifahren ihren Müll entsorgen können. Es gibt die RFID-fähige U-Bahnkarte, die durch das Portmonee eingescannt wird und die lästige Suche und somit den Stau am Drehkreuz erspart. Oder man denke an das GPS- und App-basierte Carsharing-System, das es einfacher macht, auf einen eigenen Wagen zu verzichten. Die Autostadt Los Angeles strebt an, die Lebensqualität in der Stadt zu steigern und hat ein Programm mit 40 Milliarden Dollar aufgelegt, bei dem der Ausbau von ÖPNV, Radwegen, Carsharing und die Revitalisierung des L.A. Rivers zur neuen grünen Lunge der Stadt erreicht werden soll. Sollte das Projekt erfolgreich sein, könnten auch anderen Städte auf der Welt dem Vorbild Los Angeles nacheifern. Wäre es nicht möglich gewesen, anstelle einer derart hohen Startinvestition eher dem Beispiel Wiens zu folgen? Wien erhöhte die Parkgebühren und senkte im gleichen Schritt die Preise für öffentlichen Nahverkehr. Dies hatte zur Folge, dass mehr Menschen den öffentlichen Nahverkehr nutzen und die Mehreinnahmen durch die höheren Parkgebühren in den Ausbau des ÖPNV-Netz flossen. Somit sank die Nutzung des eigenen PKWs im Stadtraum. Bei diesem Beispiel kommt zu Recht die Kritik auf, dass finanzschwache Wiener gezwungen werden, aus finanziellen Gründen ihr Auto aufgeben zu müssen. Doch stellt die Reduzierung des Individualverkehrsmittels Auto, das überwiegend den öffentlichen, gemeinschaftlichen Raum ausnutzt, überhaupt einen Verlust dar? Kann es nicht sein, dass wir im Bezug auf Autos historisch und städtebaulich vollkommen irrational gehandelt haben? Dem Nudging-Konzept wird zuweilen vorgeworfen, dass es aus der Perspektive der „weißen Mittelschicht" handelt und dem Staat und den öffentlichen Institutionen die Möglichkeit bietet, sich aus der Verantwortung zu ziehen, indem man an die Vernunft des vorausschauenden, eigenverantwortlich handelnden Menschen appelliert - ganz im Sinne des Neoliberalismus. Damit kommt die Betrachter- und Entscheiderperspektive ins Spiel - wer macht die Nudges und wer profitiert von ihnen?

Ein gutes, zweischneidiges Beispiel für Betrachter- und Entscheiderperspektive im urbanen Kontext, stellt Urban Gardening dar. Einerseits wird Urban Gardening als zeitgemäße, nachbarschafts- und sozialintegrierende, sowie kostengünstige Maßnahme zur Aufwertung öffentlicher Plätze gesehen, in dessen Zusammenhang den Beteiligten der Sinn von nachhaltiger und guter Ernährung vermittelt wird. Viele Akteure des Urban Gardening haben in diesem Ansatz beispielsweise Selbstverwirklichung gefunden. Jedoch ist auf der anderen Seite Urban Gardening schlichtweg urbane Selbstversorgung - wenn man den Ursprüngen des Urban Gardening oder auch Urban Farming folgt, gehen diese auf Gemeinden und Nachbarschaften zurück, in denen sogenannte „Food Deserts" entstanden sind. In diesen oft wirtschaftlich und administrativ vernachlässigten Gemeinden und Nachschaften mussten und müssen die Akteure unter einer massiven Nahrungsmittelunsicherheit leben. Während also Urban Gardening einerseits ein guter Nudge zum bewussten Umgang mit Lebensmitteln und Ressourcen im urbanen Umfeld ist, stellt es andernorts ein fundamentales Bedürfnis des Überlebens dar.

Statt eine gesellschaftliche Entwicklung von immer größer werdenden Problemen und Gegensatzpaaren voranzutreiben, sollten Forschung, Innovationen, politische, wirtschaftliche und gesellschaftliche Verantwortung dazu dienen, unser aller Leben zu verbessern. Das Verhalten und die Handlungsspielräume aller Akteure einer Stadt müssen gezielt und transparent untersucht und analysiert werden, ohne dabei zu ignorieren, dass sich die Nutzung und Funktion einer Stadt mit der Veränderung ihrer Bevölkerungsstruktur wandelt. Wollen wir also lebenswerte und nachhaltige Städte und Orte für die Zukunft bauen oder wenigsten erhalten, müssen Maßnahmen und Nudges gefunden werden, die Mischnutzung und urbane Vielfalt gewährleisten. Das Beispiel der Wächterhäuser in ostdeutschen Städten zeigt, ein leerstehendes Haus als Möglichkeitsraum zu öffnen, fördert die Revitalisierung längst aufgegebener Stadtteile. Städte könnten mittels stadteigner selbstfahrender Autos die ewige Parkplatzfrage lösen. Ein ständig selbstfahrendes Carsharing-Auto, als Ergänzung zum ÖPNV oder gar eines Tages als Ersatz würde keinen Parkplatz mehr benötigen und könnte dank der Vernetzung mit anderen Autos und dem Wegfall von parkenden Autos Einbahnstraßen in zwei Richtungen queren. Statt direkt aufzuschreien und „Ja aber…!" zu rufen - was spricht dagegen, die Welt einfach mal anders und neu zu denken? Fortwährende Aussagen von Alternativlosigkeit sind auch nur Propaganda - man muss sich einfach mal einen kleinen Schubs geben lassen!

LITERATURVERZEICHNIS

Ariely, Dan (2008): Denken hilft zwar, nützt aber nicht - Warum wir immer wieder unvernünftige Entscheidungen treffen. München (Droemer HC)

Bernays, Edward (1928; 5. Auflage, 2014): Propaganda - die Kunst der Public Relations. Freiburg (orange press)

Jacobs , Jane (1961): The Death and Life of Great American Cities, New York (Random House)

Lynch, Kevin (1965; 2. Auflage Nachdruck 1998): Das Bild der Stadt. Braunschweig/Wiesbaden (Vieweg)

Mitscherlich, Alexander (1965): Die Unwirtlichkeit unserer Städte. Anstiftung zum Unfrieden. Frankfurt am Main (Suhrkamp)

Thaler, Richard & Sunstein, Cass (2008; 5. Auflage 2015): Nudge – Wie man kluge Entscheidungen anstößt. Berlin (Ullstein Buchverlage GmbH)

STOPP

DAS SOLL KEIN KLEINÖDE 2.0 WERDEN.

VIELMEHR EINE KURZE REFLEXION ÜBER DIE DEBATTE/N ZU STADTPLÄTZEN SEIT VERÖFFENTLICHUNG UND EINE KURZE BILDVORSTELLUNG EINES NEUEN PLATZES IN FRANKFURT AM MAIN. DER

MARTIN-ELSÄSSER-PLATZ

Die gute Nachricht zuerst: Es tut sich was in der Debatte um öffentlichen Raum - und im speziellen: um öffentliche Stadtplätze. Der allerorts besprochene Druck auf den Stadtraum zeigt sich neben einem angespannten Wohnungsmarkt vor allem in einer gestiegenen Nachfrage nach gutem, soll heißen attraktiven, öffentlichen Raum. Trotz kletternder Einwohnerzahlen in allen prosperierenden Großstädten steigt die eigentliche Bevölkerungsdichte nur langsam, dennoch: Das Stadtbild wirkt vielerorts belebter. Man könnte auch sagen: voller. Doch lässt sich das wohl eher mit einem verstärkten Drang nach draußen erklären. Die oft angeführte neue Attraktivität der Städte - einer der zentralen Auslöser der Reurbanisierung - ist primär eine neue Attraktivität des öffentlichen Raums, also der Parks, Plätze, Straßen, Anlagen, innenstädtischen Flußufer, etc. Richtet man den Blick ausschließlich auf die angepriesenen Sahnestücke des öffentlichen Raums (in Frankfurt beispielsweise das Mainufer), entsteht, vor allem bei gutem Wetter, sehr schnell der Eindruck eines neuen Raumstresses. Schwierig, schwierig, jetzt wurde aus einer eingangs guten Nachricht schnell ein Problem. Nicht zwingend: vielmehr eine Herrausforderung. Diese beschäftigt sich vor allem mit der Gestaltung des Raums, der Nutzbarkeit, einer gewissen Deutungshoheit und der Frage nach dem Zugang zu eben diesem.

Unser 2014 erschienenes Buch „Kleinöde: Ein Bildband zur Idee und Praxis städtischer Plätze in Frankfurt am Main" griff ausführlich das Verhältnis von Gestaltung und Nutzung öffentlicher Plätze auf und lieferte im begrenzten Umfang einen Zustandbericht am Beispiel Frankfurts. Im Nachgang waren wir häufig Teil der Debatte um öffentlichen Raum und Stadtplätze - zumeist als Teil von Gesprächen und Diskussionsrunden. Was genau meint hier der

Begriff Debatte? Es handelt sich dabei um einen Diskurs, der mehr oder minder gemeinsam von Fachplanern, Journalisten, Politikern und Nutzern geführt wird. Folgen sollen nun einige Punkte, die in unterschiedlichen Runden immer wieder aufkamen. Fairerweise wurde bisher für keine dieser Fragen eine umfassende Antwort gefunden.
Unserer Beobachtung nach dreht sich die Diskussion häufig nur um die großen, bekannten, intendiert repräsentativen Plätze wie die Platzfolge Rathenauplatz, Goetheplatz, Rossmarkt (3-Plätze-Platz) oder die Hauptwache. Hier ist das Bündel an Kritik, Wünschen und Ideen meist voll und bunt und in vielen Gesprächsrunden reichen Zeit wie Geduld nicht aus, um einer Lösung näher zu kommen. Das liegt einerseits an einer unzureichenden Analyse der vorliegenden Probleme sowie an der komplexen Herausforderung, die eigenen Vorstellungen (Gestaltung / Nutzung) zu konkretisieren.
Hierfür müssten neue Wege der Kommunikation und kollaborative Planungsansätze gefunden und ausprobiert werden. So ist die temporäre Installation eines baulichen Riegels zwischen Rossmarkt und Goetheplatz zu begrüßen! Obgleich Stadtplaner und Architekten die Deutungshoheit für den gestalterischen Umgang mit Stadtraum für sich beanspruchen - darüber könnte man im übrigen streiten - ist eine bauliche Intervention wie besagter Riegel vor allem für eines gut: Unabhängig von der Intensität der persönlichen Auseinandersetzung mit Fragen des öffentlichen Raums, und des 3-Plätze-Platzes im Speziellen, hat so jeder Bürger schnell und sehr plastisch eine Vorstellung, welche Auswirkungen eine permanente architektonische Veränderung auf Proportion, Wirkung, Nutzung und Anmut des Raums haben würde.
Dies verweist direkt auf einen verwandten wichtigen Punkt: die zeitliche Dimension der Planung. In einer sich immer weiter beschleunigenden Gesellschaft müssen auch Planungsprozesse entschlackt, bzw. kleinteiliger werden. Planungshorizonte von 10, 15 oder mehr Jahren sind einerseits schwer kommunizierbar, andererseits nur sehr eingeschränkt flexibel in einer dynamischen Stadgesellschaft. Dies soll aber mitnichten ein Aufruf zum Schnellschuss und Pfusch sein. Ein Überdenken des Zusammenhangs von Gestaltung und Kommunikation derselben wäre sehr erfreulich. Hier scheinen die angesprochenen temporären Lösungen sicherlich zunächst am praktikabelsten zu sein.
Verschieben wir den Fokus von der Planung als Disziplin hin zur stadtkulturellen Praxis, sind temporäre Umnutzungen und nahezu alle Versuche der situativen Reinterpretation mehr als willkommen. Es entsteht leider zu häufig der Eindruck, es fehle an Phantasie in der Bespielung (Nutzung) von öffentlichen Orten. Möglicherweise ist hier eine Schwarmphantasie ein Zugang. Jenseits der Ideenvorgabe einzelner könnten fortwährende atomistische Interventionen im Raum sukzessive den großen Wurf herausschälen. Sicherlich ist die einmalige Nutzung des Goetheplatzes (baulich durchaus geeignet!) als Boule-Areal nicht die städtebauliche Revolution, aber wie der Volksmund sagt: der Versuch schad ja nix.
Vermutlich werden die Einzeldebatten um die großen, vermeintlich missratenen Plätze vor allem deshalb so pessimistisch geführt, weil eine gewisse Hoffnungslosigkeit verbunden mit deutscher Meckerfreude erschreckend attraktiv scheint. Hier gilt Obacht in mehrerer Hinsicht. Meckern allein hat noch nie geholfen. Eine tiefe Analyse des Ortes und vor allem der eigenen wie gemeinschaftlichen Berdürfnisse wäre ein guter erster Schritt. Und - da schließt sich der Kreis - eine Verteilung der korrektiven Energie. Jenseits der großen Plätze gibt es unzählige Quartiersplätze in den Kiezen. Hier findet in den meisten Fällen das Leben statt. Dennoch gibt es erschreckend viele öffentliche Bausünden in Kombination mit fehlender Nutzung. Auch hier ist ein Kompromiss gefragt. Eine rein ästhetische Ausrichtung in der Platzgestaltung führt leider nicht selten zu unbelebten Plätzen. Teils sind die Entwürfe zu abstrakt oder gehen an einer Lebensweltlichkeit am Platz schlichtweg vorbei. Ein echter Dialog im Vorfeld des Neuentwurfs über Bedürfnisse vor Ort plus fachplanerische Expertise kann hier nur die Perspektive sein. Es bleibt spannend.

Die Bilder zeigen den 2015 eingeweihten, neu gestalteten Martin-Elsässer-Platz im Frankfurter Ostend. Ein sehens- wie besuchenswerter, überschaubarer Platz, gewidmet dem großen Frankfurter Stadtbaumeister. Die anspruchsvollen Bronzeskulpturen stellen Elsässers Entwürfe im Grundriss und als räumliches Gefüge dar und spielen gemeinsam mit der Topographie des Platzes. Eine reizvolle Gestaltung - ob der Platz auch jenseits der interessierten Besucher ein Alltagsrolle einnimmt, wird sich zeigen...

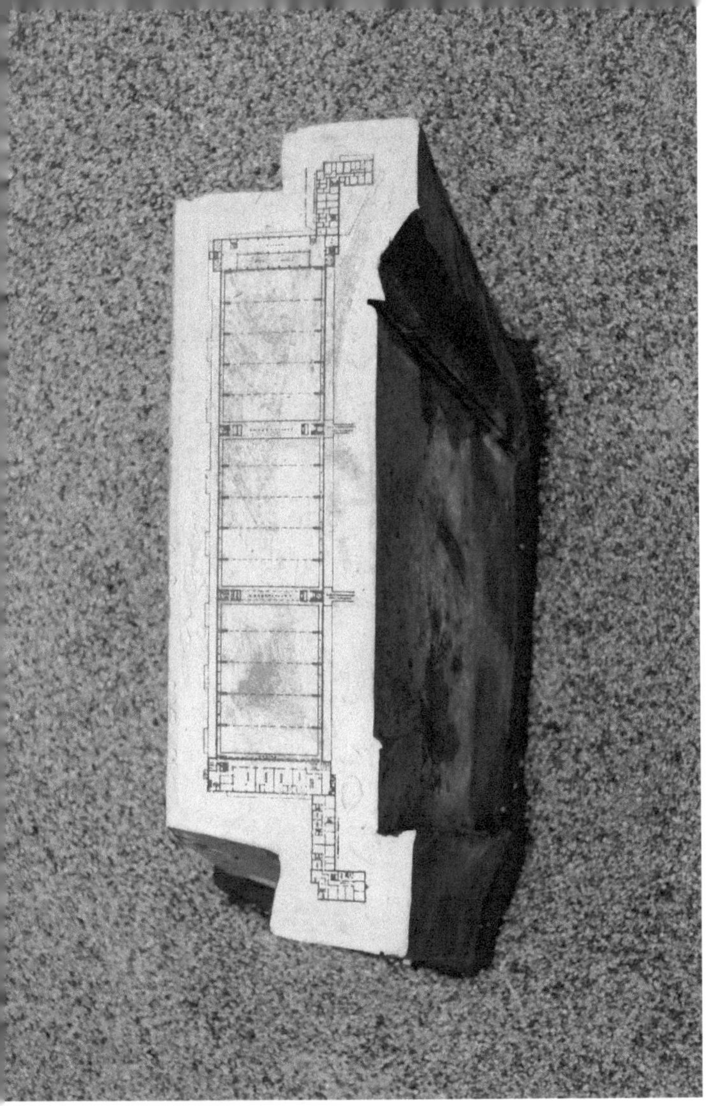

COCINA ARGENTINA

SCHÖNE URBANE AUTOWELT?

MOBILITÄT NUR MIT BLICK AUF DAS TECHNISCH MÖGLICHE ZU DENKEN, MACHT STÄDTE NICHT LEBENSWERTER

skö

Noch am Küchentisch sitzend überprüfe ich per App den Batterieladestand und weise mein Auto an, mich in zehn Minuten vor der Haustüre abzuholen. Der Wagen löst sich von der Ladestation und lenkt selbständig durch den dichten Verkehr. Rote Welle? Egal. Mein Auto ist mit allen Ampeln vernetzt, es weiß im Voraus wann das Signal von rot auf grün wechselt und passt die Geschwindigkeit an. Es bringt mich auf schnellstem Wege zur Arbeit - ich lese derweil Nachrichten. Das Display blinkt, begleitet von einem Fiepton. Mein Auto kommuniziert mit dem vorausfahrenden Verkehr und der meldet Glatteis. Der Wagen bremst vorsichtig. Auch um die Parkplatzsuche muss ich mir dank Echtzeit-Parkleitsystem und Einparkautomatik schon lange keine Gedanken mehr machen. Entspannt erreiche ich das Büro.

Mit solchen Szenarien versuchen Pkw-Hersteller seit einiger Zeit, die automobile Zukunft in den Städten schmackhaft zu machen. Eingewoben in die „smarte" Stadt sei das vernetzte und automatisierte Fahrzeug die ultimative Lösung für nahezu alle Probleme, die der motorisierte Individualverkehr im urbanen Raum erst hervorgebracht hat. Dabei drängt sich die Frage auf, ob im Zuge einer derart technikgetriebenen Diskussion nicht einige wichtige Aspekte zu kurz kommen. Allen voran die Nutzung öffentlichen Raums sowie – eng damit verbunden – die Lebensqualität in der Stadt.

TECHNIKVERLIEBTE TENDENZEN

Besonders in den Städten zeigt sich weltweit, dass der Erfolg des Automobils seinen eigenen Nutzwert schmälert. Dauerstau, Stop-and-Go-Verkehr und Parkplatznöte führen zahlreiche Vorteile des motorisierten Individualverkehrs ad absurdum, Anwohner leiden unter Verkehrslärm und Luftverschmutzung, die Unfallgefahr ist hoch. Verkehrsplaner verzweifeln, weil sie inzwischen wissen, dass der Bau neuer Straßen die Situation nicht entspannt, sondern das Verkehrsaufkommen noch weiter erhöht. Diese Problemlagen, die im urbanen Alltag bereits jetzt unangenehm präsent sind, werden sich mit zunehmender Verdichtung der Städte weiter verschärfen.

Aus gutem Grund also beginnen immer mehr Metropolen damit, den Autoverkehr einzudämmen. Dublin beispielsweise leidet seit Jahrzehnten unter heillos verstopften Straßen, weil die Altstadtviertel aus einer Zeit stammen, in der an das Auto noch nicht zu denken war. Konsequenterweise plant die Stadtverwaltung, bis 2017 den privaten Autoverkehr aus Teilen der Innenstadt zu verbannen, diese Bereiche fußgängerfreundlich umzugestalten und für die Pendler neue Stadtbahnstrecken zu bauen. Binnen zwei Jahren will Dublin damit erreichen, dass nur noch 20% und nicht 33% der Wege mit dem Auto zurückgelegt werden. Ein noch ambitionierteres Ziel hat sich Helsinki gesetzt: Die finnische Hauptstadt will ihren öffentlichen Nahverkehr bis 2025 mit einem Mobility-on-Demand System (dazu später mehr) derart verbessen, dass gar kein Anlass mehr besteht, mit dem eigenen Auto durch die Stadt zu fahren.

In aller Munde ist nachhaltige Mobilität auch in Deutschland. Liest man dazu jedoch Entwicklungspläne und politische Programme durch, fällt ein seltsam zwiegespaltener Diskurs auf. Einerseits wetteifern Städte wie Hamburg und München darin, zu einer möglichst fahrradfreundlichen Metropole zu werden, während sich manch andere das Ziel setzen, den Modal-Split-Anteil des Autos zu verringern. Wenngleich mit diesen Vorhaben keine so weitreichende Neugestaltung der Verkehrssysteme verbunden ist wie in Dublin oder Helsinki, steht das Automobil immerhin nicht mehr konkurrenzlos im Mittelpunkt der stadtplanerischen Aufmerksamkeit.

Andererseits wird im Kontext des proklamierten Trends zur Digitalisierung intensiv darüber nachgedacht, wie sich Auto und Stadt noch enger zusammenführen lassen. Insbesondere der autonome und vernetzte Pkw wird dabei als große Chance für die Stadt gehandelt. Eine bessere Verkehrslenkung sei möglich, wenn Autos miteinander und mit ihrer Umgebung kommunizieren, Warn- und Assistenzsysteme erhöhen Sicherheit und Fahrkomfort. Ob diese Verheißungen wirklich alle eintreffen werden, bleibt solange der Spekulation überlassen, bis die digitalen Fahrzeugtechnologien sowie die erforderlichen Schnittstellen zur städtischen Infrastruktur in nennenswertem Umfang serienreif geworden sind. Doch bereits jetzt sind Effizienz, Vernetzung und Automatisierung die Schlagworte, die weite Teile der Debatte um die Zukunft urbaner Mobilität dominieren.

skö

In diesen technokratischen Szenarien ist es vermeintlich gar nicht mehr erforderlich, den Autoverkehr zu begrenzen. Vielmehr verspricht man sich von der Automatisierung und Vernetzung von Auto und Stadt ja gerade, dass das heutige Verkehrsaufkommen besser bewältigt werden kann und noch ein wenig Platz für neue Fahrzeuge ist. Laut einer Studie des bei BMW angegliederten Instituts für Mobilitätsforschung könnte der Pkw in Folge der Automatisierung sogar wieder an Bedeutung gewinnen. Sinkt nämlich die Belastung hinter dem Lenkrad und der Frust im Stau, werden eventuell wieder mehr Wege und auch längere Strecken mit dem Auto zurückgelegt. Für die Autoindustrie und IT-Branche ist das automatisierte Fahren ein riesiger Wachstumsmarkt, in den bereits jetzt stattliche Fördergelder fließen. Es verwundert daher nicht, dass keine Kosten und Mühen gescheut werden, die Neuerfindung des Automobils in den Köpfen zu platzieren. Kritische Stimmen verweisen vor allem auf die Störanfälligkeit der Technik, die Gefahr von Hackerangriffen sowie die informationelle Selbstbestimmung. Ein weiterer Gedanke, der weniger IT-lastig ist und mehr mit der Lebensqualität in der Stadt zusammenhängt, kommt dabei etwas zu kurz: Dominiert nicht weiterhin das Auto den öffentlichen Raum, wenn es in das Gewebe der „smarten" Stadt integriert ist und zudem die Anzahl der Fahrzeuge nicht wesentlich reduziert wird, weil lediglich die altmodischen Autos durch technisch aufgerüstete ersetzt werden?

DER FAKTOR RAUM

„Die Straßen in den Großstädten haben noch viele andere Funktionen außer der einen, Platz für Fahrzeuge zu bieten". Daran erinnert Jane Jacobs in „Tod und Leben großer amerikanischer Städte". Mittlerweile erfüllen Straßen seit nahezu einem Jahrhundert primär die technische Funktion einer Verkehrsader, weshalb leicht vergessen wird, dass die städtische Straße vor Beginn der Massenmotorisierung als Raum für soziale Aktivitäten geschätzt wurde. J.H. Crawford, Autor von „Carfree Cities" betrachtet deshalb den negativen Einfluss des Autoverkehrs auf das soziale Leben in der Stadt als eines der gravierendsten Probleme, das auch mit technischen Mitteln nicht zu beheben ist solange das Autofahren so viel Raum für sich beansprucht.

Unter dem Aspekt der Flächeneffizienz betrachtet, ist der private Pkw eindeutig ein verschwenderisches Fortbewegungsmittel. Ein Auto, das mit den durchschnittlichen 1,4 Personen besetzt ist und 50 km/h schnell durch die Stadt fährt, hat einen Platzbedarf von ca. 140 qm pro Person. Der Fahrgast eines nur zu 20% ausgelasteten Busses konsumiert dagegen lediglich ca. 16 qm. Hinzu kommt der ruhende Verkehr. Autos werden im Schnitt eine Stunde täglich genutzt und benötigen einen Parkplatz am Wohnort, auf Arbeit, vor dem Supermarkt, am Kino. 12,5 qm umfasst der Standard-Parkplatz, mehr als 80% aller Parkplätze befinden sich im öffentlichen Raum.

Wer wissen möchte, wie sich diese Zahlen auf das Erleben von Stadt auswirken, braucht nur mit offenen Augen und Ohren durch eine beliebige Innenstadt zu gehen (siehe dazu die Fotoserie „Landschaft des Automobils" in diesem Buch). Schnellstraßen, Ampelkreuzungen, Parkflächen etc. sind nicht bloß gewaltige Platzfresser auf Kosten von Grünanlagen, Wohnraum und frei zugänglichen Plätzen. Die für den Autoverkehr bereitgehaltene Infrastruktur sowie der Vorrang des Pkw in der kommunalen Verkehrspolitik beeinflusst auch ganz wesentlich, wie wir den öffentlichen Raum wahrnehmen, ob wir uns gerne darin aufhalten oder nicht. Kann ich mich mit anderen Menschen unterhalten ohne gegen den Verkehrslärm anreden zu müssen? Gibt es außerhalb der Konsumzonen überhaupt Plätze für Begegnungen? Laden diese Plätze zum Verweilen ein? Können Kinder unbehelligt vom Verkehr spielen? Ist eine Stadt gut für den Fußverkehr geeignet oder müssen Fußgänger auf zu engen Gehwegen drängeln und Umwege in Kauf nehmen weil mehrspurige Schnellstraßen den Weg versperren?

Jenseits von Reservaten wie Fußgängerzonen und verkehrsberuhigten Bereichen wirkt sich der Autoverkehr heute negativ auf die Aufenthaltsqualität im öffentlichen Raum aus, weil er – zusätzlich zur Lärm- und Abgasbelastung – sehr viel Raum okkupiert und gegenüber anderen Verkehrsteilnehmern Vorrang genießt.

DAS MARGINALISIERTE AUTOMOBIL

Für mehr Raum und Lebensqualität in der Stadt zu sorgen ist eine Zielsetzung, die sich neuerdings

skö

auch einige Autohersteller auf die Fahnen schreiben, zum Beispiel Audi im Rahmen seiner „Urbanen Agenda". Fraglich ist aber, ob die technologischen Neuerungen wirklich der Qualität des öffentlichen Raums zugutekommen, wenn das Auto gleichzeitig ein begehrliches Konsumgut bleiben soll. Entscheidender als die technische Entwicklung scheint deshalb eine Auseinandersetzung mit unserem Verhältnis zum Automobil zu sein: Soll das Auto weiterhin privat genutzt und besessen werden? Oder machen wir es zu einem geteilten Gut, das wir nur selten bei Bedarf nutzen?

Wird der digitalisierte Verkehr vom privat genutzten Pkw aus gedacht, darf eine gravierende Veränderung zugunsten des öffentlichen Lebens bezweifelt werden. Hersteller weisen zwar darauf hin, dass der Platzbedarf selbstfahrender Autos geringer ausfällt: der Fahrzeugabstand ist kürzer; Parkplätze sind schmaler wenn das Ein- und Aussteigen wegfällt; eine Parkbucht in der Nähe der Einkaufsmeile braucht es rein theoretisch auch nicht mehr, weil das Auto in Randbezirken parken kann, nachdem die Insassen ausgestiegen sind. Allerdings dürfte der Raumgewinn insgesamt nicht üppig ausfallen. Fahren leere Autos zum Parken und wieder zurück, um die Besitzer abzuholen, wird sich das Verkehrsaufkommen wahrscheinlich erhöhen. Zudem ist anzunehmen, dass sich potenziell frei werdender Raum rasch mit neuen Pkw füllt, wenn der Zuzug in die Städte anhält und die meisten Stadtbewohner ein eigenes Auto besitzen – oder sich überhaupt erst ein Auto anschaffen, weil es so komfortabel ist, bei gewahrter Privatsphäre noch ein bisschen zu arbeiten, während der Wagen durch den Berufsverkehr navigiert.

Fahren nach wie vor halbleere Privatwagen durch die Stadt, wäre auch die vernetzte Straße in erster Linie eine Schnellfahrstrecke und die „smarte" Stadt müsste so programmiert sein, dass der nun noch dichtere Verkehr reibungslos fließt. Ein Experimentierfeld ist derzeit außerdem das Verhältnis des autonom fahrenden Autos zu analogen Radfahrern und Fußgängern. Fraglich ist deshalb, ob die Automatisierung nicht zu einer noch strikteren Trennung der Verkehrsflächen führen könnte, um möglichen Kollisionen und Haftungsstreitigkeiten aus dem Weg gehen zu können. An der Ausrichtung des urbanen Raums an den Bedarfen des Autoverkehrs würde sich nicht viel ändern und der Mensch hätte sich irgendwie einzufügen in die motorisierte Hightech-Welt.

Ein anderes Bild zeichnet sich ab, wenn urbane Mobilität als öffentliches Gut gesehen wird. Das muss nicht zwangsläufig bedeuten, das Auto komplett aus der Stadt zu verbannen, es wäre jedoch eingebunden in ein intermodales Verkehrssystem. Wie das funktionieren könnte, zeigt das aktuelle Stadtentwicklungsprogramm Helsinkis, das darauf abzielt, den privaten Autobesitz allmählich überflüssig zu machen. Bezirke werden verdichtet, um möglichst viele Einrichtungen für den Fuß- und Radverkehr erreichbar zu machen. Der Umbau des öffentlichen Nahverkehrs zu einem Mobility-on-Demand System soll reibungslose Übergänge zwischen Bahn, Bus, Taxi, Carsharing, Leihrad und Kutsuplus ermöglichen. Kutsuplus ist ein flexibles app-basiertes Minibussystem, das Fahrgästen erlaubt, an dem von ihnen gewünschten Ort ein- und auszusteigen. Perspektivisch können sich die finnischen Planer vorstellen, auch selbstfahrende Autos als Taxis in dieses System zu integrieren. Das Auto wäre in diesem Szenario ein quasi-öffentliches aber dennoch flexibles Fortbewegungsmittel, das für „erste und letzte Meile"-Strecken oder Warentransporte in Frage kommen würde. Ob es den Pkw in einem ausgeklügelten ÖPNV-System à la Helsinki überhaupt noch braucht, sei mal dahingestellt. Will man in der Stadt aber nicht ganz auf die Nutzung des Automobils verzichten, so scheint das selbstfahrende Taxi in puncto Raumbedarf die minimalinvasive Lösung zu sein. In Kombination mit einem leistungsfähigen ÖPNV wären laut einer Simulation der OECD 9 von 10 Autos überflüssig, wenn nur noch eine Flotte autonom fahrender Taxis, die von mehreren Fahrgästen geteilt werden, in der Stadt unterwegs ist. Da ein auf diese Weise ausgelastetes Fahrzeug nicht 95% des Tages herumsteht, ist es viel platzsparender als der private Pkw. Allerdings wäre auch in diesem Szenario zu bedenken, die Autos so in den Stadtraum zu integrieren, dass sie aufgrund ihrer Geschwindigkeit und Anzahl nicht dominieren. Von den noch zu klärenden ethischen und datenschutzrechtlichen Details ganz zu schweigen. Helsinki verspricht sich von der weitreichenden Neugestaltung urbaner Mobilität explizit neue Chancen für die Wiederbelebung des öffentlichen Lebens. Schnellstraßen werden langfristig zu Boulevards mit neuen Wohnanlagen, Cafés und Spielplätzen umgebaut, anstelle von Parkplätzen entstehen Grünanlagen und generell sollen es wieder Fußgänger und Radfahrer sein, an deren Bedürfnisse Straßen und Plätze ausgerichtet sind. Auch die Maßnahmen in Helsinki basieren auf Technologie, aber die Technologie wird dazu eingesetzt, den Lebensraum Stadt für Bewohner und Besucher attraktiver zu machen, nicht um den Verkehr effizient fließen zu lassen.

Um wirklich einen positiven Effekt auf die Lebensqualität im öffentlichen Raum zu erzielen, genügt es also nicht, das Auto lediglich digital aufzurüsten und sonst alles beim Alten zu lassen. Ernstzunehmende Versuche wie das Mobilitätskonzept Helsinkis oder der Umbau Kopenhagens zu einer Stadt der Radfahrer zeugen davon, dass der private Autoverkehr seine Vorrangstellung verlieren muss, damit überhaupt nennenswerte Entwicklungspotenziale entstehen können. Oder in den Worten von Jan Gehl: „The goal is to ensure that cars can be present, but not kings." Und dies lässt sich am besten erreichen, indem so gute Alternativen für die Fortbewegung in der Stadt geschaffen werden, dass der private Autobesitz bald als ein absurder Anachronismus erscheint.

EIN BLICK ÜBER DIE SCHWELLE

URBANE ANDERSWELTEN IN THAILAND

Ich sitze in einem Café in der Innenstadt von Chiang Mai, der größten Stadt des nördlichen Thailand, von Bergen umgeben, nicht weit entfernt von der burmesischen und der laotischen Grenze im Norden bzw. Nordosten. Chiang Mai war einst das Zentrum des legendären Königreiches Lanna, das sich von Burma über den Norden Thailands bis hin in das heutige Laos erstreckte. Eine Stadt mit tiefen historischen Wurzeln, deren unzählige alte Tempel und Pagoden, gewaltige Stadtmauern und breite Schutzgräben von längst vergangenen Zeiten berichten.

Nun schaue ich, im Zentrum dieser Stadt sitzend, aus dem Fenster des Cafés und sehe ein Haus auf der anderen Straßenseite. Es ist ein einfaches Haus, typisch für diese Gegend, mit Wellblech auf dem Dach, grünen Wänden, einfachen Fenstern und Holztüren, der Kühler einer Klimaanlage sichtbar, ein relativ neues Auto japanischer Marke davor parkend, ein Geldautomat, Menschen die dort im angegliederten Restaurant zu arbeiten scheinen, Müllsäcke, eine Überwachungskamera auf die seitliche Einfahrt gerichtet, Lampen zur Beleuchtung in der Nacht, ein paar kleine, ungepflegte Büsche... zusammengefasst: Ein einfaches Haus, nicht schön, aber sehr pragmatisch, auf die materiellen Bedürfnisse des Wohnens und Lebens an diesem Ort eingerichtet. Ich empfinde beim Anblick dieses Hauses kein besonderes Entzücken, aber auch keine bemerkenswerten negativen Eindrücke, vielleicht einen Hauch von Kälte aufgrund der Abwesenheit jeglicher ästhetischer Elemente.

Bei genauerem Hinschauen sehe ich jedoch etwas Ungewöhnliches an der Vorderseite des Hauses, etwas verborgen hinter Büschen: ein kleines Miniaturhaus auf Stelzen, beim ersten Hinschauen an ein Vogelhaus erinnernd, aber doch irgendwie völlig anders. Nachdem ich meinen Kaffee ausgetrunken und bezahlt habe, gehe ich nach draußen und nehme mir etwas Zeit, das eigenartige Objekt etwas genauer in Augenschein zu nehmen: Es hat ein geschwungenes Dach, typisch für traditionelle Häuser hier, und von allen Seiten offene Fenster, es scheint einem thailändischen Tempel nachempfunden zu sein. Im Innern sehe ich zwei Figuren sitzend, die ein Paar darzustellen scheinen. Vor dem "Haus" befindet sich eine Plattform mit diversen Gegenständen: Ein Glas mit gelblicher Flüssigkeit (könnte Tee sein), eine geöffnete Flasche mit einem Softdrink gefüllt, etwas Reis in einer Schale, abgebrannte Räucherstäbchen. Über dem Haus hängt eine Girlande aus Papierblumen.

Eine Vorgarten-Dekoration? Angesichts der komplexen Anordnung der verschiedenen Gegenstände und ganz offensichtlich frischer Lebensmittel (auf der Limonadenflasche sind noch keine Ameisen zu sehen) auf der Plattform deutet vieles auf etwas anderes hin. Vielleicht so etwas wie ein Altar? Die Fragen "Was ist das?" und "Warum?" kommen jedem interessierten Beobachter, der zum ersten Mal ein solches Objekt sieht, nun in den Sinn. Fragen, die sich aufgrund der Fülle an Informationen und der Fremdheit dieses Anblicks erst einmal schwer beantworten lassen.

Ich verlasse diesen Ort mit gemischten Gefühlen über meine Beobachtungen: einerseits dieses völlig normale Haus mit allen Elementen, die einem vertraut sind und die sich irgendwie mit meinem Kulturverständnis erklären lassen. Fast könnte ich mich in einem westeuropäischen Land wähnen. Wäre da nicht dieser eigenartige, unscheinbare kleine Mini-Tempel auf dem Podest, der da nicht nur steht, sondern anscheinend auch "benutzt" wird, der mir eine völlig andere Geschichte erzählt von Dingen, die ich nicht verstehe, die ich nicht sehen kann. Ich spüre, ich bin in einem fremden Land...

...in einem Land, wo die Geister noch lebendig sind, wo sie nicht nur in Geschichten und Legenden schlummern, sondern auch in Seifenopern im Fernsehen regelmäßig prominent auftreten und wo fast jeder von eigenen Erfahrungen mit Geistern zu berichten weiß.

EINE LEGENDE

Eine erste Idee, was es mit dem eigenartigen Miniaturhaus auf sich hat, könnte uns diese Geschichte liefern:

"Einst lebte der König Thotsarat mit seiner Frau Santhathuk und herrschte über das Reich Krungpali. Er hatte neun Söhne, die zusammen Phra Phum genannt wurden. Jeder seiner neun Söhne war für einen bestimmten Bereich des Königreiches zuständig: einer für Häuser, einer für Ställe, ein anderer für die Ackerflächen und Wälder, ein anderer für Obst und Gemüsegärten usw. Nun begab es sich, dass der König auf schlechte Bahnen geriet und viel Unglück über sein Volk brachte. In dieser Zeit kam die Gottheit Phra Narai hinunter auf die Erde in der Gestalt eines unscheinbaren Brahmanen, um den König um ein kleines Stück Land zu bitten. Das Land sollte nur 3 Schritte groß sein, damit Phra Narai dort seine Zeremonien vollführen könnte. Der König zögerte nicht, ihm diesen Wunsch zu erfüllen und übergab ihm das Stück Land. In diesem Moment verwandelte Narai sich in seine wahre Gestalt mit vier Köpfen und begann, über das Land zu schreiten. Mit einem einzigen Schritt hatte er die ganze Erde umschritten, woraufhin der König weit weg in die Wälder des Himaphan fliehen musste. In seinem Exil litt und hungerte er viel und wurde so bedrückt, dass er Phra Narai schließlich um Gnade anflehte. Dieser erfüllte seinen Wunsch, allerdings mit folgender Bedingung: ‚Von nun an sollen alle Menschen, bevor sie eine Zeremonie durchführen, den Phra Phum ein Opfer darbringen, da diese die wahren Eigentümer des Landes sind. Wird dieses Opfer vollbracht, wird das Glück folgen'."

Wer König Thotsarat wirklich war, wann er lebte und vor allem, wer seine Söhne, die Phra Phum waren, bleibt uns die Legende schuldig. Was sie uns erzählt, ist, dass die Phra Phum, die Söhne des Königs und Fürsten über sämtliche Ländereien des Reiches, anscheinend eine wichtige Rolle spielten, um das abdriftende Krungpali wieder auf eine gute Bahn zu bringen. Allerdings wurden sie nicht vom König selbst, dem Verursacher des Unglücks, sondern einer höheren Gottheit namens Narai (verwandt mit einer hinduistischen Gottheit) dazu ermächtigt. Um auf dem guten Weg zu bleiben, müssen die Menschen den Phra Phum, den "wahren Eigentümern des Landes" Ehrerbietung darbringen. Dann wird Wohlergehen und Glück folgen.

Könnte das Miniaturhaus und seine offensichtlich altarähnliche Funktion etwas mit dieser Legende zu tun haben? Was auch immer die wahre Herkunft dieser Sitte ist, die Existenz dieser kleinen Behausungen in den meisten Vorgärten, Gewerbeflächen, öffentlichen Gebäuden und Plätzen Chiang Mais, aber auch in ländlichen Regionen und ihre Nutzung als Opferstätte deutet darauf hin, dass es sich um eine Tradition von größerer Bedeutung handelt, die von weiten Teilen der Bevölkerung ernsthaft praktiziert wird. Und, in irgendeiner Weise scheint dieser Brauch mit dem Ort verbunden zu sein,

auf dem die Menschen wohnen. Denn entweder hat jedes Haus oder Grundstück ein Miniatur-Haus, oder es gibt ein größeres Haus für ein gesamtes Dorf oder einen Stadtteil.

PHRA PHUM, DER GEIST DES ORTES

Recherchiert man ein wenig in einschlägiger Literatur oder unterhält sich mit Einheimischen, findet man bald heraus, dass im modernen Thailand ein weit verbreiteter Glaube existiert, dass jeder Ort, jedes Grundstück, jedes Haus in irgendeiner Weise beseelt ist. Ganz konkret wird hier von "unsichtbaren" Wesen, sprich Geistern gesprochen, die an bestimmten Orten leben, völlig unabhängig davon, wer dort wohnt oder arbeitet. Diese Orte können z.B. Grundstücke, Reisfelder, alte Häuser, Firmengelände, aber auch Naturorte wie alte Bäume, markante Felsen oder Höhlen sein.

Ganz vorsichtig könnte man hier, um einen Vergleich mit der westlichen Kultur herzustellen, den Begriff des "Genius loci" anwenden (lat. "Geist des Ortes"), welcher in der römischen Mythologie Erwähnung findet. So, wie in der römischen Weltanschauung jeder Mensch einen Genius, also "Geist" besaß, konnte dieses Prinzip auch auf Orte und Landschaften als Genius ‚loci' (lat. "Ort") übertragen werden. Insofern wäre Genius loci der verborgene Aspekt eines Ortes, der aber doch, so wie der "Geist" oder die "Persönlichkeit" eines Menschen, eine wesentliche Bedeutung für seine sichtbare Erscheinung hat.

In der Legende war von den Phra Phum die Rede und es schien, dass sie eine zentrale Rolle in der mythologischen Bedeutung von Orten spielen. Der Name Phra Phum hat seine Wurzeln im alten indischen Sanskrit, eine der ältesten Sprachen überhaupt. Dabei bedeutet Phra "Ehrwürdiger Gebieter" und wird meistens im Zusammenhang mit Heiligen benutzt. Zum Beispiel wird Jesus im thailändischen als "Phra Jesu" bezeichnet. Der zweite Teil des Namens beinhaltet weitere interessante Hinweise: "Phum" bedeutet im Sanskrit (bhumi) so viel wie "Hüter" oder "Schutzgeist", führt in seiner tieferen Bedeutung aber auf das Wort "Erde" zurück.

Phra Phum ist heute ein Sammelbegriff für den thailändischen "Geist des Ortes", welcher aber nur einen von vielen Geistern (thai: "phi") der dortigen Unterwelt repräsentiert. Einige dieser Phi haben destruktive Neigungen und warten draußen auf dem Land, lauernd hinter Gebüsch, alten Bäumen oder an einsamen Weggabelungen, um ihre Opfer zu überraschen. Die Welt dieser Geister wird im thailändischen als Decha bezeichnet. Ein Ort des Chaos, weit entfernt von der sicheren Umgebung der heimatlichen Behausung oder des dörflichen Tempels, von zügellosen Kräften des Unheils und der Zerstörung durchzogen, Schmerzen, Verlust, Krankheit und Tod bewirkend. Diese dunklen Kräfte können nur von örtlichen Brahmanen oder Mönchen mit besonderen magischen Fähigkeiten "gezähmt" werden.

DAS GEISTERHAUS

Bei Bezug eines neuen Grundstückes, auf dem man tätig sein oder wohnen will, hat man nun darauf zu achten, dass mit den schon vorhandenen "Bewohnern" keine Konflikte entstehen. Dabei spielen die kleinen Miniatur-Häuser eine zentrale Bedeutung im Umgang mit den "Geistern des Ortes". Deshalb werden sie in Thailand als "Geisterhäuser (eng. Spirit Houses, orig. Thai "San Phra Phum") bezeichnet.

Wissend, dass Phra Phum (in manchen Regionen Thailands auch als Chaotee bezeichnet), der Gebieter des Ortes, aus der unwirtlichen Welt des Decha stammt und Unheil bewirken kann, wenn ihm nicht genügend Aufmerksamkeit zukommt, widmet der thailändische Städter (oder auch Dörfler) dieser Wesenheit nun ein solches Geisterhaus neben seinem eigenen Haus. Genaue Anweisungen für dessen Form, Dimensionen, Größe und Ausrichtung werden in der Regel vom örtlichen Brahmanen oder Mönch aus dem Dorf bzw. des Stadtteils gegeben. In der Regel wird das Geisterhaus auf einem kleinen Podest oder Stelzen auf etwa 1 - 2 m Höhe errichtet und stellt meistens eine Miniatur eines Tempels oder eines Wohnhauses dar.

Würde das Geisterhaus nicht gebaut, bzw. wird der darin wohnende Geist nach der Errichtung des Geisterhauses nicht gebührend verehrt (in Form von täglichen Opfer-Darbringungen und

rapoom.in.th
0358425
เชิญ
ด้าน
ใน
รถรับจ้าง
086-1155568
รถรับจ้าง
086-1155568

regelmäßigen Zeremonien) könnte es passieren, dass der Phum in das Haus des Menschen einfährt, was dramatische Folgen für die Bewohner haben könnte: finanzielle Probleme, Beziehungskonflikte, Krankheit, Tod, sprich: Unglück in verschiedenen, wenn nicht sogar allen Lebensbereichen.

So gesehen ist das thailändische Geisterhaus also eine achtungsvolle Geste, eine Interaktion des Menschen gegenüber seiner unsichtbaren, "geistigen"Umgebung, die, mit Symbolen arbeitend, Respekt, Anerkennung, aber auch Abhängigkeit und (Ehr)furcht ausdrückt.

ARTEN VON GEISTERHÄUSERN

Im Groben lassen sich drei Arten von "Residenzen" des Phra Phum unterscheiden: das ländliche (auf vier Stelzen stehend und aus Holz), das städtische (auf einer Säule stehend, meistens aus Zement) und das Haus des Phra Phrom (ähnlich dem städtischen, aber etwas größer und einer höheren Gottheit gewidmet).

Wahrscheinlich ist das auf den vier Stelzen stehende Geisterhaus aus dem ländlichen Raum das ursprünglichste, aus vorbuddhistischen Zeiten stammende Relikt, wohingegen das "städtische", auf einer Säule errichtete Geisterhaus einen starken indisch-hinduistischen Einfluss aufweist.

Eine weitere Kategorisierung der unterschiedlichen Geisterhäuser lässt sich anhand verschiedener Geister, denen sie gewidmet sind, vornehmen. So heißt es, dass in den vierstelzigen Häusern Chaotee verehrt wird, welcher der permanent residierende Geist des Landes ist. Da Chaotee oft auch als Phra Phum bezeichnet wird, sind hier die Übergänge manchmal etwas grau. In den einstelzigen Häusern wird wiederum ebenso ein Phra Phum beschworen, der in diesem Falle allerdings ein persönlicher Schutzgeist des menschlichen Bewohners an diesem Ort repräsentiert. Zu guter Letzt gibt es noch Geisterhäuser, die dem Phra Phrom gewidmet sind, einer höheren Gottheit. Diese stehen meistens neben größeren öffentlichen Gebäuden oder Firmengeländen, Phra Phrom sieht man als goldene Statue in diesen Häusern sitzend mit seinen markanten vier Gesichtern. Möglicherweise besteht hier auch ein Zusammenhang mit der vierköpfigen Gottheit Narai, die in der Legende erwähnt wurde.

SAKRALE RÄUME

Unabhängig von seiner ursprünglichen Bedeutung oder Herkunft prägt das Geisterhaus das Stadt- oder Dorfbild Thailands. Ob man als Beobachter völlig unbefangen ist oder genau weiß, worum es sich dabei handelt, es macht einen bemerkenswerten Unterschied, ob es dort steht oder nicht. Dabei spielt die physische Präsenz und dessen Form und Größe eine Rolle, viel mehr aber die „sakrale" Atmosphäre, die es umgibt: die Ahnung einer tieferen Bedeutung dieses Ortes, jenseits der materiellen Ebene. Ein Hinweis auf kulturphilosophische Dimensionen und Weltanschauungen, die diesen Ort seit Jahrhunderten prägen. Manchmal fühlt es sich auch an wie ein Portal, eine leicht geöffnete Tür, durch deren Spalt das dämmrige Licht aus einer anderen Welt fällt. Die Bedeutung dieses Portals und wohin es führt, bleibt unbekannt. Was bleibt, ist dieses Spannungsfeld zwischen der physischen Erscheinung des Ortes, die mir von einem einfach gebauten Miniaturhaus erzählt, und dem feinen, aber eigenartigen Gefühl, dass sich dahinter noch eine andere Welt verbirgt.

So, wie man einen Menschen kaum anhand seiner äußeren Merkmale charakterisieren kann, so wenig lässt sich ein Ort nur anhand seiner physischen Beschaffenheit beschreiben. Der Genius loci, der Sinn hinter der Erscheinung, würde einem verschlossen bleiben. Die Geisterhäuser Thailands sind so etwas wie eine Erinnerung daran, dass Orte oder Landschaften beseelt sind, und dass dieser wesenhafte Aspekt eines Ortes mindestens genauso wichtig, genauso real wie dessen physische Erscheinung ist.

ANMERKUNGEN

Bild 1: Hölzernes, vierstelziges Geisterhaus im suburbanen Raum Chiang Mais. Man beachte diverse Opfergaben auf der Plattform davor.

Bild 2: Geisterhäuser auf dem Gelände einer Tankstelle in Chiang Mai. Oft sind die Geisterhäuser auf Firmengeländen größer und prächtiger als auf privaten Grundstücken.

Bild 3: Detailaufnahme von Bild 2: Das linke Haus ist Phra Phum als Schutzgeist gewidmet, das kleinere Haus auf der rechten Seite dem Chaotee, dem Geist des Landes.

Bild 4: Beleuchtetes Geisterhaus (rechts im Bild) neben einem Hotel in der Innenstadt Chiang Mais.

Bild 5: Detailaufnahme von Bild 4. Dieses Geisterhaus ist Phra Phrom (einer höhere Gottheit, dem Hinduismus entlehnt) gewidmet, was man an der eher pagodenartigen Form des Hauses und der großen Figur im Inneren erkennen kann.

Bild 6: Oft findet man Geisterhäuser auch unter alten Bäumen stehen, wie hier im Bild ein vierstelziges, dem Chaotee gewidmetes Haus mit einer Leiter davor (Chaotee ist ein Erdgeist, daher benötigt er eine Leiter, um in das Haus zu gelangen).

Bild 7: San Phra Phum Business: Geisterhäuser werden in der Regel in Massen angefertigt und entlang der Straße in großen Geschäften wie hier verkauft. Normalerweise bieten diese Verkaufshäuser auch Beratungsdienste an, bei denen ein Fachmann das Haus und das Grundstück des Interessenten begutachtet, ein geeignetes Geisterhaus empfiehlt und die Einweihungs-Zeremonie durchführt.

Bild 8: Geisterhaus vor einem großen Einkaufszentrum in Chiang Mai: Konsum und Spiritualität sind hier offenbar keine sich ausschließenden Gegensätze.

Fotografie: Panicha Kongkrapan

JUMELAGE?/!

DAS KONZEPT DER STÄDTEPARTNERSCHAFTEN DURCHGESPIELT AM BEISPIEL DER STADT FRANKFURT AM MAIN.

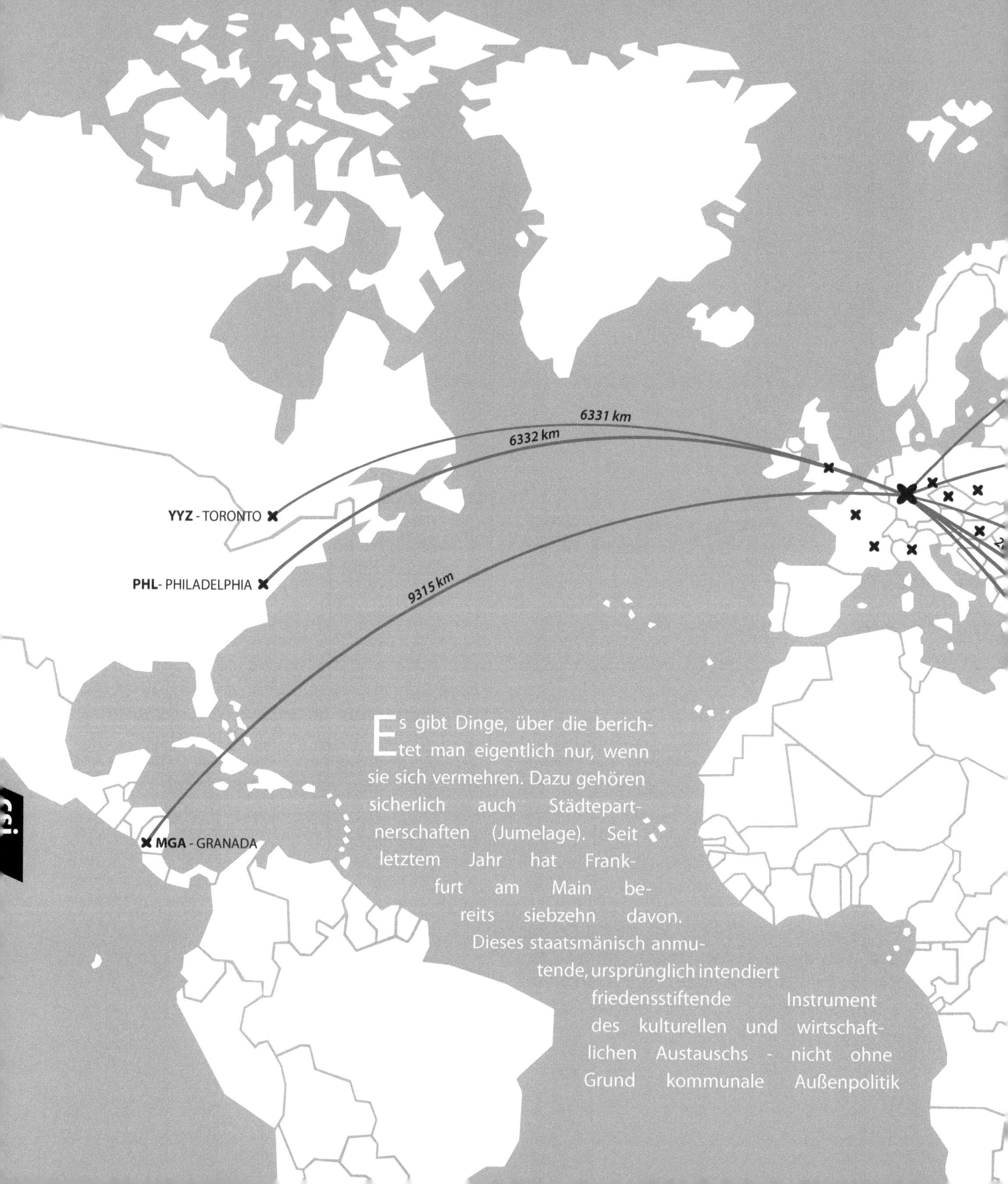

Es gibt Dinge, über die berichtet man eigentlich nur, wenn sie sich vermehren. Dazu gehören sicherlich auch Städtepartnerschaften (Jumelage). Seit letztem Jahr hat Frankfurt am Main bereits siebzehn davon. Dieses staatsmänisch anmutende, ursprünglich intendiert friedensstiftende Instrument des kulturellen und wirtschaftlichen Austauschs - nicht ohne Grund kommunale Außenpolitik genannt - steht einer internationalen Stadt wie Frankfurt natürlich sehr gut. Neben ähnlicher Größe, Namen und Geschichte sind es wohl vereinzelte persönliche Beziehungen, die den Kontakt intital herstellen.

Doch was eint diese verbunden Städte? Könnte man - auch aus Forscherperspektive - diese Partnerschaft als Grundlage für einen Städtevergleich hernehmen? Dieser Beitrag ist ein erster Versuch (weitere sollen folgen) sich diesem speziellen Thema anzunehmen. Zunächst soll ein erster Blick auf die siebzehn Partner Frankfurts geworfen werden, auch um zu sehen, ob und was uns möglicherweise eint...

DICHTE
10000
8000
6000
4000
2000
0
Lyon
Yokohama
Mailand
Deuil-La-Barre
Tel Aviv
Philadelphia
Toronto
Birmingham
Kairo
Budapest
Frankfurt
Prag
Krakau
Leipzig
Guangzhou
Dubai
Eskisehir
Granada
Guangzhou 11.114.200
Kairo 10.230.350
ZAHL
Yokohama 3.718.913

REGENTAGE

Kairo	3
Dubai	7
Tel Aviv	57
Budapest	78
Mailand	85
Prag	90
Philadelphia	91
Leipzig	97
Granada	102
Lyon	104
Eskişehir	107
Krakau	108
Guangzhou	110
Frankfurt	112
Deuil-La-Barre	112
Yokohama	119
Toronto	145
Birmingham	170

Toronto	2.615.060
Dubai	2.106.177
Budapest	1.735.711
Philadelphia	1.526.006
Mailand	1.324.169
Prag	1.259.079
Birmingham	1.101.360
Krakau	759.800
Frankfurt	717.624
Eskişehir	685.727
Leipzig	544.479
Lyon	496.343
Tel Aviv	405.300
Granada	79.418
Deuil-La-Barre	21.983

csi

PARTNERSTADT SEIT
2015 Philadelphia
2013 Eskişehir
2011 Yokohama
2005 Dubai
1991 Granada / Nicaragua
1991 Krakau
1990 Budapest
1990 Leipzig
1990 Prag
1989 Toronto
1988 Guangzhou
1980 Tel Aviv - Yafo
1979 Kairo
1970 Mailand
1967 Deuil-La Barre
1966 Birmingham
1960 Lyon

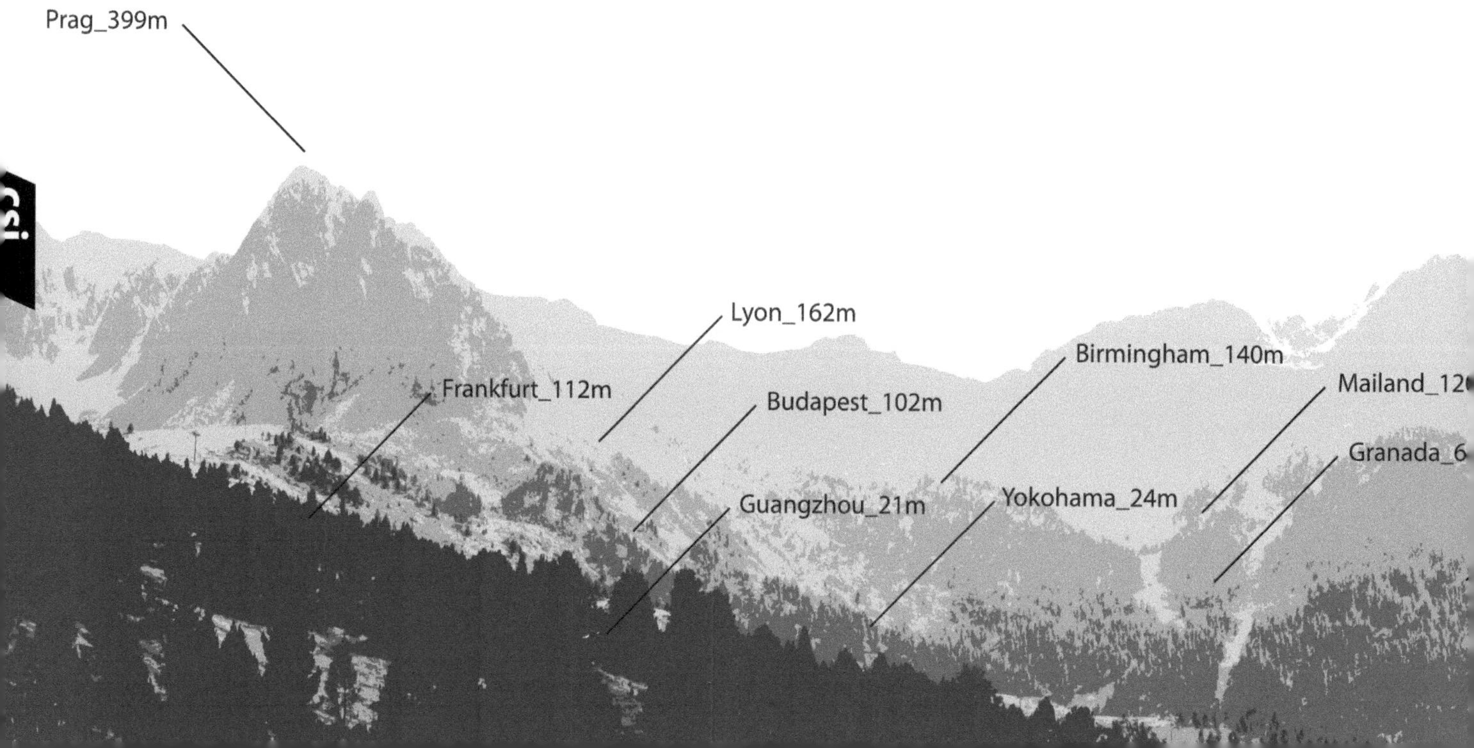
Prag_399m
Lyon_162m
Birmingham_140m
Frankfurt_112m
Budapest_102m
Mailand_12
Granada_6
Guangzhou_21m
Yokohama_24m

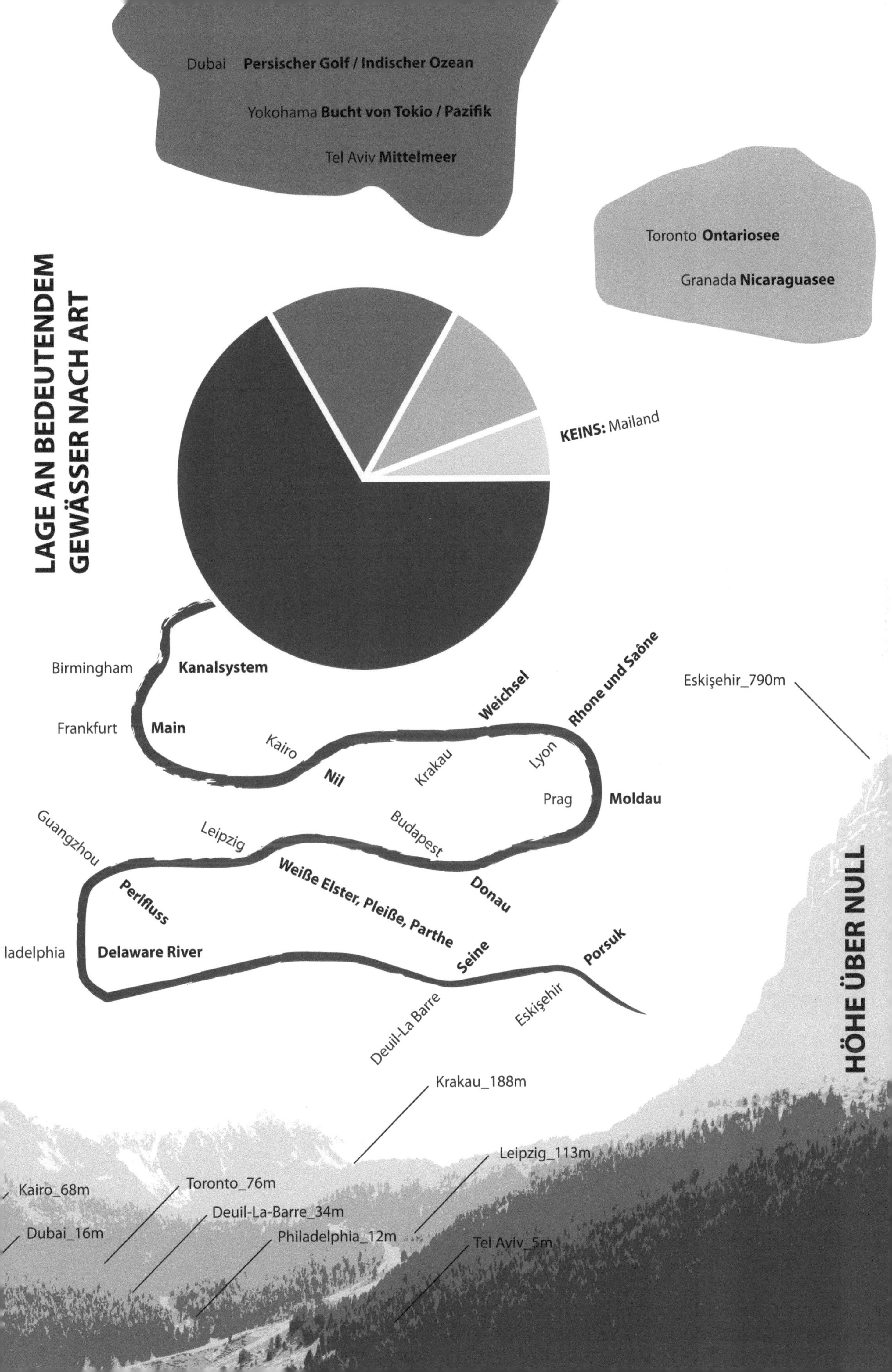
LAGE AN BEDEUTENDEM GEWÄSSER NACH ART
Dubai Persischer Golf / Indischer Ozean
Yokohama Bucht von Tokio / Pazifik
Tel Aviv Mittelmeer
Toronto Ontariosee
Granada Nicaraguasee
KEINS: Mailand
Birmingham Kanalsystem
Frankfurt Main
Kairo Nil
Krakau Weichsel
Lyon Rhone und Saône
Prag Moldau
Budapest Donau
Leipzig Weiße Elster, Pleiße, Parthe
Guangzhou Perlfluss
ladelphia Delaware River
Deuil-La Barre Seine
Eskişehir Porsuk
HÖHE ÜBER NULL
Eskişehir_790m
Krakau_188m
Leipzig_113m
Kairo_68m
Toronto_76m
Deuil-La-Barre_34m
Dubai_16m
Philadelphia_12m
Tel Aviv_5m

STADT PARKS

dazwischen und am Rand: über urbane Wohnzimmer

Mainufer, der Anlagenring, Grüneburg-, Güntersburg-, vielleicht sogar der Ostpark - Parks und Grünflächen, die fast jedeR in Frankfurt kennt und in denen er schon mal war. Die echten urbanen Wohnzimmer sind eher in den unbekannten, unterschätzten Zwischenräumen zwischen Gallus und Griesheim (Rebstockpark und Niddaufer), am Sulzbach in Sossenheim, im Huthpark, oder die Cricketwiese zwischen Hochschulsport und Niddapark. Beispielhaft schaue ich mir ein paar dieser Parks und Freiflächen an, um den Fragen nachzugehen: Welche Aufgabe erfüllen sie, wie naherholt es sich da? Und wer ist da eigentlich „zu Hause"?

STADTPARKS UND URBANE WOHNZIMMER

Es ist mal wieder richtig Sommer im Jahr 2015 in Frankfurt, Erdbeerzeit, um genau zu sein. Die Abende sind lang, die Sonne geht unglaublich früh auf, allerorten Menschen im Freien. Viel zu warm ist es in der aufgeheizten Stadt. Es ist wie wenn die Hitze es nötig macht, dass man mehr Abstand um sich herum braucht, der in engen Häusern und Wohnungen nicht da ist. Es scheint als würden alle durch das Draußen-Sitzen, Chillen, Spielen nicht nur nach Kühle und Luftzug, Offenheit lechzen, sondern noch viel mehr die gesamte Jahreszeit aufsaugen, auch wenn es einem schon fast zu viel vorkommt. Alle atmen die schwere Luft mit Lust ein, überdrehte Kinder planschen gegen die Hitze an und zahllose Grillfeuer sind die eigentlich Schuldigen für die städtische Aufheizung.

In dieser Zeit beginnt diese Geschichte. Ich gehe (mal wieder) mit sehr aufmerksamem Blick durch Parks und Grünflächen in Frankfurt. Anlass ist auch eine Idee für ein Projekt, die ich mit Kollegen gerade in einem Forschungsantrag zu Papier bringe. Es geht um die vielschichtige Bedeutung städtischer

► Eigenwillige Parks, eigenwillige Schilder.

Frei- und Grünflächen in wachsenden Städten. Es geht darum, in einer anderen Stadt bei der Gestaltung von öffentlichen Freiflächen neue Wege zu gehen und dafür eine Kombination aus Forschung und Realexperiment zu entwickeln. Diesen Antrag zu schreiben und dieser Sommer passen nicht gut zusammen, denn ab 35 Grad im Büro fließt alles, außer Gedanken. Was läge also näher, als eine eigene Kurzempirie zu starten? Zu verschiedenen Tageszeiten erkunde ich die mir nahen öffentlichen Räume. Und diese Erkundung erstreckt sich dann auf einmal nicht mehr nur auf ein paar Tage bis zum Abgabetermin, sondern ein paar Monate. So kommt es, dass ich im Noch-nicht-Winter 2015 herrliche Beobachtungen an Sonnentagen und im Nieselregen mache. Es sind nicht die allseits bekannten, hippen und frequentierten Prestigegrünflächen in Frankfurt. Erstens kenne ich die Mainufer, Grüneburg- und Günthersburgparke schon. Zweitens ist es mir da meist zu bevölkert in den Sommermonaten. Drittens, ganz pragmatisch verbinde ich als Bewohnerin des Frankfurter Westens vieles mit meinen Alltagswegen und -aktivitäten: meine morgendliche Laufrunde im Rebstockpark, von dort über das Griesheimer Niddaufer über die Sossenheimer Felder bis zum namenlosen Park in Sossenheim auf dem Weg zum Erdbeerpflücken. Der Griesheimer Mainboulevard auf meiner Feierabendradrunde, der Weg zum Freibad über den Bienwald nach Rödelheim und so weiter.

Drei Gründe genügen, aber darüber hinaus hege ich die Vermutung, dass die wichtigsten Parks und Grünflächen nicht in der Kernstadt liegen. Damit stelle ich diese nicht infrage, sondern eher: Sie sind unumstritten, gehegt und gepflegt und erfüllen teilweise auch ganz andere Funktionen. Für die Parks und Gärten in meinem Augenmerk nehme ich ab hier nun den Begriff des urbanen Wohnzimmers. Woher ich das habe, erkläre ich später. Sie liegen alle eher in den außen liegenden, fast suburbanen Stadtteilen. Man ist in Frankfurt, aber Messeturm und EZB scheinen weit, weit weg. Dennoch, dörflich ist es hier bei weitem nicht, zwischen S-Bahndamm, Autohaus und Autobahnauffahrt. Viele der Flächen haben etwas fast Privates. Ich stelle mir vor, als Bewohner nimmt man dort neue oder seltene Besucher sicher sofort wahr. Es wird taxiert, eingeordnet. An manchen Tagen betritt man als sporadischer Gast solch ein Areal und fühlt sich ganz fremd - oder eben eingeladen.
All diese Parks müssen nicht so berühmt und angesagt sein wie das Mainufer in der Innenstadt. Sie sind Gebrauchsräume für ihre Anwohner. Hier wird nicht nur der Sonntagnachmittagsspaziergang gemacht. Sie sind so etwas wie die erweitere Veranda vieler Wohnungen. Alles zwischen Puppen- und Fußballspiel, radeln lernen, angeln,

stricken und küssen, Fahrräder reparieren und sich betrinken hat hier Platz. Sie sind überlastet, übernutzt, bedürfen mal eines neuen Anstriches, einer Renovierung, oder einfach, dass jedeR seine Socken und leeren Gläser mitnimmt wenn er abends heimgeht. – Wie bitte? Ja, so meine ich es. Der niederländische Verkehrsplaner Hans Monderman hat mal gesagt, dass in einem Wohnzimmer auch keine Schilder hängen, wie man sich zu benehmen hat. Er bezog sich dabei auf das Konzept „Shared Spaces" in Straßenräumen. Ich erweitere es hier kurzerhand auch auf Parks und öffentliche Wohnzimmer. Räume sollten ablesbar sein, aber so einfach, ohne Schilder ist das an vielen Stellen nicht, scheint mir.

DER GEGENSTAND

Städte sind geprägt vom Kontrast und der Dialektik von Enge - Gebäude, Aktivitäten, Menschen - und dem Darum-Herum. Das ist nicht die unbebaute Landschaft oder dünnbesiedelte Kulturlandschaft, sondern die Landschaft zwischen den Siedlungsteilen einer Stadt und ihrem Umland. Hier findet sich oft so etwas wie Natur, manchmal sogar „noch" Landwirtschaft, Wiesen und Felder. Und hergerichtete Natur, also Parks, Grünflächen und Kleingartenanlagen. In Frankfurt hat dieses Konglomerat inzwischen noch zwei besondere Namen erhalten: den GrünGürtel und den Regionalpark.
Auf diesen Flächen findet nahezu idealtypisch das statt, was sich in der wissenschaftlichen Literatur darüber so liest: Es sind Orte der Begegnung, der Kommunikation, des Austausches und des Lernens, aber auch der Selbstdarstellung, des Ausschlusses oder der Integration. Die Stadtforscher Reicher und Kemme[1] bezeichnen sie als „sozialen Kitt" unterschiedlicher Gruppen und Schichten einer Stadt. In Form städtischer Grünflächen haben sie darüber hinaus hohe Relevanz für stadtökologische und stadtklimatische Ökosystemleistungen. Die Wissenschaftler Kemper und Reutlinger bezeichnen öffentliche Räume als „Wohnzimmer der Gesellschaft".[2] Diese Wohnzimmer bieten einen Ausgleich zu teilweise beengten Wohnungen. Sie sind Orte der Auseinandersetzung und Kommunikation mit Fremden und für alle zugänglich.

Es gibt keine Zugangsbeschränkung, jedeR unabhängig von Herkunft, Status und Religion kann dort hin. Sie bieten Gelegenheiten für Aufenthalt

▶ Joggerstrecke oder junger Männertreff? Beides!

▶ Tisch-Bank-Kombination im Rebstockpark

und multifunktionelle Nutzungen, sie sind repräsentative Orte[3] oder eben nicht die Visitenkarte der Stadt. Sie unterliegen vielfältigen Nutzungsansprüchen, zunehmender Nutzungsüberfrachtung bzw. Nutzungskonflikten. Viele Flächen schweben in Gefahr, privatisiert oder umgenutzt zu werden. Oder sie verlieren durch scheinbare ästhetische Verbesserungen in der Freiraumgestaltung attraktive Nutzungsoffenheit, z.B. für Jugendliche und junge Erwachsene. Neben dem Verlust der Freifläche an sich kann eine Zugangsbeschränkung und Exklusion entstehen. „Damit verliert die Stadt … ihre bunt gemischte Öffentlichkeit …" (Quelle siehe Endnote 1).

EIN SCHNELLER RUNDGANG IM REBSTOCKPARK

Am häufigsten und zu unterschiedlichsten Zeiten besuche ich den Rebstockpark. Meist um Sport zu treiben - oft am frühen Morgen oder über Mittag - drehe ich meine Runden. Läufer und Walker trifft man fast den ganzen Tag dort, vermutlich strömen sie, wie ich, aus den umliegenden neuen und alten Stadtteilen her. Manche Gesichter erkenne ich inzwischen. Nun, das ist an sich noch nichts Besonderes. Der Rebstockpark kommt mir vor wie eine große Spielwiese für Freiluftsportarten: Auf den weitläufigen Wiesenflächen sehe ich regelmäßig eine Gruppe junger Kicker, HundebesitzerInnen betreiben Agility Training mit ihren Vierbeinern, im Sommer wird Frisbee oder Badminton gespielt. Ich denke, es gibt viele Kinder, die hier Fahrradfahren gelernt haben und es noch lernen werden!

Aber der Park kommt mir auch oft wie ein Kurpark vor. Auch ich habe ihn schon dazu genutzt. Man sieht Jüngere und Ältere umherschlurfen nach irgendeiner schweren oder leichten Krankheit - in langsamen Schritten oder auf Krücken. Ziel ist das Grüne, entfernt vom Schnellen und Lauten. Zugegeben rauscht von Westen her so oft die A5, leider nur ‚fast' wie am Meer. Zum richtigen Kurpark fehlt allerdings entweder die Musikmuschel oder ein kleines Kurcafé, an dem auch kostenlos Heilwasser ausgeschenkt wird. Der Rebstock war der erste

Flughafen Frankfurts und ist seit den 1960ern ein Volkspark, also der Ostpark des Frankfurter Westens. An Wochenenden im Sommer verwandelt sich dieser Sport- und Kurpark allerdings in die Veranda unzähliger türkisch-, orientalisch- und indischstämmiger Familien. Der Park duftet nach Gegrilltem, ertönt im Lachen und Kreischen festlich-familiär aufgelegter Großfamilien. Familien hier und Bolzfläche da, tuschelnde Mädchen mit den Omas auf der Picknickdecke. So einen Anblick erlebte ich wie die allergelungenste Empirie, als ich an jenem eingangs erwähnten Antrag schrieb und zum Erdbeerpflücken radelte. Aus irgendeinem Grund, der mir heute unerklärlich ist, habe ich keine Fotos gemacht. Lustigerweise hat der Rebstockpark ein paar offizielle Grillstellen und zwei (!) Sitzgruppen. Beide Infrastrukturen genügen dem sommerlichen Andrang natürlich nicht.

Der Rebstock hat Schattenseiten, Nischen, Obskures. Dieser Park ist schon seit langem, was man heute multifunktional nennt – wenn auch in übertragenem Sinne. Da gibt es das Feldbahnmuseum mit einer Schienenstrecke, und plötzlich begegnet einem wirklich eine Dampflok. Alle zwei Jahre zur IAA wird aus ihm - sehr frankfurterisch - ein Autoparkplatz. Einmal im Jahr wird er zu einem anderen Kontinent (Afrikamusikfestival). Zu Messezeiten entpuppt sich ein Teil des Parks und das Drum-Herum zum Campingmobilplatz für Arbeitsnomaden aus ganz Europa – Kaffeeduft weht mir entgegen und Wäsche wird zum Trocknen aufgehängt, wenn ich meine morgendliche Runde laufe. Manchmal sind in der Abenddämmerung auch die Messeprostituierten anzutreffen, die auf Kundschaft warten. Im Sommerhalbjahr schleiche mit leisen Tritten bei jedem morgendlichen Lauf über die einzige Hügelstrecke und versuche, den Wohnungslosen nicht zu wecken, der da auf der Bank nachts wohnt. Ich möchte nicht stören. Und bald ergänzt den Park eine neue Funktion - eine allererste neue Bleibe für Geflüchtete entsteht jetzt an dem Camperstandplatz. Ich bin sehr gespannt, wie die neuen temporären BewohnerInnen den Park beleben.

ZWISCHEN DEM NIDDAUFER IN GRIESHEIM UND DEM NAMENSLOSEN PARK IN SOSSENHEIM

Ein Stückchen weiter draußen, auch für eingefleischte Radfahrer und Spaziergänger nur nach einer gewissen Durststrecke bezüglich der Aufenthaltsqualität, erreicht man dann die Nidda. Für Neugierige, dazwischen liegen: ein Bahndamm, das Westkreuz und eine Kleingartensiedlung mit Kneipe mit deutscher und mediterraner Küche sowie ein Schnittblumenstand.
Das Niddaufer ist hier weniger bekannt, als z.B. die Niddawiesen in Hausen, Heddernheim, Praunheim, jedoch bei weitem nicht weniger frequentiert. Auf den ersten Blick ist das hier gar nicht als Park zu erkennen und besonders attraktiv auch nicht. Zudem habe ich ein paar Jahre gebraucht, um meine mentale Landkarte als Spazierradfahrerin und als Autofahrerin an dieser Stelle zur Passung zu bringen. Außerdem ist den Autobahnbauern damals wohl auch ein klitzekleiner Fehler unterlaufen, als sie die vielen Auf- und Abfahrten für das Westkreuz planten. Sie haben vergessen, geeignete Durchfahrtshöhen für nachfolgende Generationen von zu Fuß Gehenden und mit dem Rad Fahrenden entlang der Nidda zu gewährleisten. Die Strecke ist auch für Mutige am wohlsten mit Radhelm zu befahren, auch kleine Menschen fühlen sich auf dem Rad sitzend gezwungen, den Kopf unter den acht Spuren Beton einzuziehen. Sogar Hinweisschilder machen auf 2,20m Durchfahrtshöhe aufmerksam.
Doch dann öffnet sich die Landschaft gen Westen, links das Griesheimer Wäldchen mit Relikten von Flußaltarmen und rechts Streuobstwiesen. Auf dem Nidda-Uferweg tummeln sich ungeachtet des oft überständig riechendenden Flusswassers die üblichen Spaziergänger, Radfahrerinnen, Walker und Jogger, auffälliger als anderswo viele ältere Herr- und Damenschaften. An den stabilen Holzsitzgruppen ist immer wer anzutreffen, egal ob sie attraktiv am Wasser oder mit Blick auf Betontragwerke stehen. Im Mai spätjugendliche Prolls mit Wodka und Bier, rüstige Rentner beim Kartenspiel im Dezember, in den Sommerferien Schüler beim Chillen, die an den Lehnen ihre Longboards aufgehängt haben, als würden ihre gehalfterten Ponys da auf sie

warten. Ich vermute, für sie ist vermutlich genau dieser Nicht-Ort das Schönste. Ich stelle mir vor, wie sie hier herumstreifen, sich ausprobieren, schmutzig machen und Verbotenes tun. Eigentlich gibt es an diesem Ort nichts besser zu machen – denn sonst wäre er ja nicht mehr so idyllisch kauzig. Vielleicht der Weg dorthin vom Rebstockpark aus …

Sobald man die Nidda überquert und die Streuobstwiesen durchquert hat, gelangt man nach Sossenheim. Als Neu-Frankfurterin vermutete ich ironisch, die Grüne Soße käme von hier. Aber das war ein Irrtum. Auch Vanille wächst hier nicht auf Bäumen, next to Griesheim. Insgesamt ist Sossenheim ein sehr zwischenstädtischer Stadtteil von Frankfurt. Irgendwann war das mal ein Straßendorf, vermute ich. Auf dem Weg z.B. zum Erdbeerfeld gelangt man dann zwischen baukulturell bedenklichen Mehrfamilienhäusern unvermittelt in einen verwunschenen Park. Der Regionalparkweg zum Opelzoo geht hier entlang. Zunächst klassisch: Hundegänger, Kinderwagenroller, Rollerskaterinnen, ein Spielplatz. Längeres Hinsehen öffnet den Blick: ein Bach, Schilf! Der Wind in den Weiden und Birken! Der Park ist eine unerwartete Mischung aus Landschaftselement am Hang, Naturerlebnisraum, Spielplatz. Gleich dahinter ein Nadelöhr für den Stadtwanderer - verbauter Bach unter der Autobahn, siebzig Zentimeter Wegbreite neben der Überflutungsmauer. Einmal kam ich an einem Samstagnachmittag vorbei. Da war Party, nicht gemeinschaftlich organisiert. Es war ein Jugendgrillpark geworden. Es herrschte Freibadstimmung, nur das Schwimmbecken fehlte, grandios! Nur ich fühlte mich ein wenig alt. Unglaublich, auf Stadtplänen und der Grüngürtelkarte, auch bei Google maps hat dieser Park keinen Namen. Wenn doch: wer ihn mir nennt, bekommt ein Glas Erdbeermarmelade.

AM MAINBOULEVARD GRIESHEIM

In extremer Insellage, liegt der (von mir so genannte) Mainufer-Boulevard von Griesheim. Wer kennt ihn? Staustufe Griesheim steht im Stadtplan. Griesheim scheint mir ein recht vergessener Stadt-

▶ Mainboulevard Griesheim

► Im Vigelandspark in Oslo

teil Frankfurts zu sein. Wo Griesheim beginnt und endet, wissen nur wenige, viele denken, es gehört sicher schon zu Höchst. Oder es ist ein Ghetto. Es ist unglaublich, wie viele Begrenzungen dieser Ort schon rein baulich hat: Autobahn und Bundesstraßen im Westen und Norden, Bahnflächen im Osten und Norden, die Nidda im Norden, den Industriepark im Westen und die wohl schönste Begrenzung im Süden: der Main. Entgegen dem schlechten Image und der Unterprivilegierung, die diesem ehemaligen Industriearbeiterstadtteil anhängen, ist das Mainufer ein Geschenk an alle, die dort leben. Der von mir so genannte Boulevard ist eine mehr oder minder gut in Schuss befindliche Freifläche, gepflastert im Stil der 90er, mit Pflanztrögen und Sitznischen, Bäumchen, Spielplätzen, aber überraschend multifunktionell, für alle Alters- und kulturellen Gruppen. Ich behaupte, die soziale Mischung dort ist fast größer als am Mainufer in der Innenstadt. Denn dort gibt es kaum Angler und Motorbootbesitzer. Abschnittsweise, die Marina (sic!) von Griesheim, schicke Segel- und Motorboote säumen den sich vor der Schleuse fast seeartig aufweitenden Main. Man fühlt sich bei Westwind gleich fast wie an der See - weiter Himmel, Brise und Segelmastgeklacker.

Der Boulevard beginnt und endet im fast Nichts. Nach der Schleuse muss man schnell zur Straße am Industriepark hoch, weil die Kläranlage das Ufer braucht. Und nach Osten säumen ein dunkler holpriger Grünstreifen (Bürgermeister-Schubert-Park) und Kleingartenanlagen den Weg bis zum Orange Beach an der Niederräder Eisenbahnbrücke (das wäre wiederum eine andere lohnende Erkundung). Aber an diesem Beispiel wird noch mehr als bei den anderen deutlich, wie sehr attraktiver, qualitätvoller Aufenthalt vieles beeinflussen kann oder könnte: das soziale Miteinander, nachhaltigere Fortbewegung, ein Bewusstsein für den Wert öffentlicher Flächen. Deswegen an dieser Stelle hier eine Forderung: eine attraktive „Nordmainische Fuß- und Radroute“ sollte auf die Prioliste der Verkehrsentwicklung in Frankfurt.

WEITER GEHEN

Neben diesen Sommer-Winter-Beobachtungen gibt es ein Schlüsselerlebnis, das ich vor vielen Jahren in Oslo hatte. Es war tiefer Winter, Februar und ein sonniger frostiger Tag. Als ordentliche Touristin strebte ich zum Vigelandspark, zugegeben ein Prestigepark. Die Atmosphäre in dem Skulpturenpark ist ohnehin speziell. Was mich aber am allermeisten beeindruckt hatte, waren die heimischen Gäste. Sie nutzten diesen Park wie ihre Veranda oder ihren Wintergarten. Es wurde Tee getrunken, Zeitung gelesen, man hat Waffeln gebacken und Nachmittagsschläfchen wie im Sessel zu Hause gehalten.

Mein Experiment ist nicht zu Ende, denn die Wohnzimmer, die ich beschrieben habe, besuche ich weiterhin. Ich bin gespannt, was zuerst eintritt: dass mich die Herren am Kartentisch ansprechen, weshalb ich sie fotografieren möchte, oder ich jemand frage, ob er oder sie denn zum ersten Mal hier sei. Die Funktionen der Parks und Freiflächen sind scheinbar ganz einfache, selbstverständliche Freizeitnutzungen. Damit aber unterschiedliche Qualitäten des Dort-Seins und für diese Nutzungen entstehen, braucht es eine praktische bauliche Gestaltung ebenso wie die Aneignung, die Zuschreibungen an diesen Ort durch die Gäste, die Nutzenden.

Das bewusste Beobachten hat mir bestätigt, dass die Annahme stimmt, die wir in dem zu Beginn erwähnten Forschungsantrag formulierten: Nicht nur die sozialstrukturellen Eigenschaften der Gäste dieser Parks, wie Alter, Geschlecht, Bildung oder Erwerbstätigkeit beeinflussen die Art, wie sie sich diese Räume aneignen und sie nutzen, sondern auch ihre Lebensstile und Milieus. Der Umgang mit den öffentlichen Freiflächen ist abhängig von den eigenen Werten, Orientierungen und Normen gegenüber Privatem und Halbprivatem: Wird es eher als erweitertes Wohnzimmer, als Veranda in den Commons geschätzt oder eher als regelfreier Raum? Welche Ansprüche die Gäste an ihre Parks und Freiräume haben, ist meist nur implizit durch Alltagsroutinen, also dem was dort gemacht wird, sichtbar. Direkt zu fragen, was anders, besser sein sollte, wie man bestimmte Konflikte oder Probleme dort lösen könnte, ist wenig aussichtsreich. Dazu braucht es andere Herangehensweisen.

Übrigens wurde der Forschungsantrag leider abgelehnt. Das ist schade, denn jede Erkenntnis, wie die urbanen Wohnzimmer in Zusammenarbeit mit den Gästen attraktiv gestaltet werden könnten, wäre wichtig. Ich denke, sowohl die Stadt, mit der wir das Forschungsprojekt gerne durchgeführt hätten, als auch Frankfurt, würden von den Erfahrungen profitieren. Die Erdbeermarmelade aus Sulzbacher Früchten hingegen schmeckt noch immer.

ANMERKUNGEN

1 Vgl. Reicher, Christa/ Kemme, Thomas (2009): Der Öffentliche Raum. Jovis Verlag GmbH. Berlin

2 Vgl. Kemper, Raimund/ Reutlinger, Christian (Hg.) (2015): Umkämpfter Öffentlicher Raum. Herausforderungen für Planung und Jugendarbeit. Springer VS. Wiesbaden

3 Vgl. Emmenegger, Barbar/Litscher, Monika/ Caviezel, Flavia (2009): Nutzungsmanagement im öffentlichen Raum. Bericht Fallstudien Basel, Luzern, Schaffhausen, Winterthur, Zürich. Ein Projekt der Hochschule Luzern. Soziale Arbeit. Luzern

Kartographie: csi
Titel und Schlussbild: csi

TSUTAYA
スポーツの力で、
ガンバレ!
青少年の育成を。
渋谷センター街
文化村通り

ja!panisch

unterwegs in Honshūs Städten

pwo kth

江戸一

YASUDA
Super Freezer
㈱ヤスダ電気商会
営業時間 AM6:00-PM1:00
YAMAHA
Mate

イエス様は
真理です。
こんにちは
太秦教会です。
愛,
Jesus loves you.
イエス様は
光です。
イエス様は
生命です。
駐輪禁止

焼肉
大詔閣
CREST
時間貸
空
焼肉の岩さん
岩

HOTEL HANSHIN
大阪IT·会計
大阪法律

8 — 21
TOKYU HANDS

京都
Kyoto
蒲生4
Gamo-4
1

大雅ビル
質
高田屋
IMURA

club
Cherry
きみや

7月1日(水)～
9月30日(水)
巨匠運慶晩年の名作
国宝北円堂特別開扉
国宝弥勒仏、国宝無着・世親像

40
P
空

Pedestrian Walkway
Pedestrian Walkway
36

P
¥100
24h

40
迂回にご協力を
清水寺・東福寺 207
百万遍・千本今出川 201
カラオケ

洋膳
居酒屋
ルくぷる
法学
大阪外語
専門学校
自転車を除く
自動車
阪肛門科診療所

白鶴
田舎料理
いづみ

ART
SCRAMBLE

LUMINE CARD
10%OFF

京都
きょうと
Kyōto
まいばら
Maibara
しんおおさか
Shin-Ōsaka
校友会館
Grande
KYOTO
AVANTI

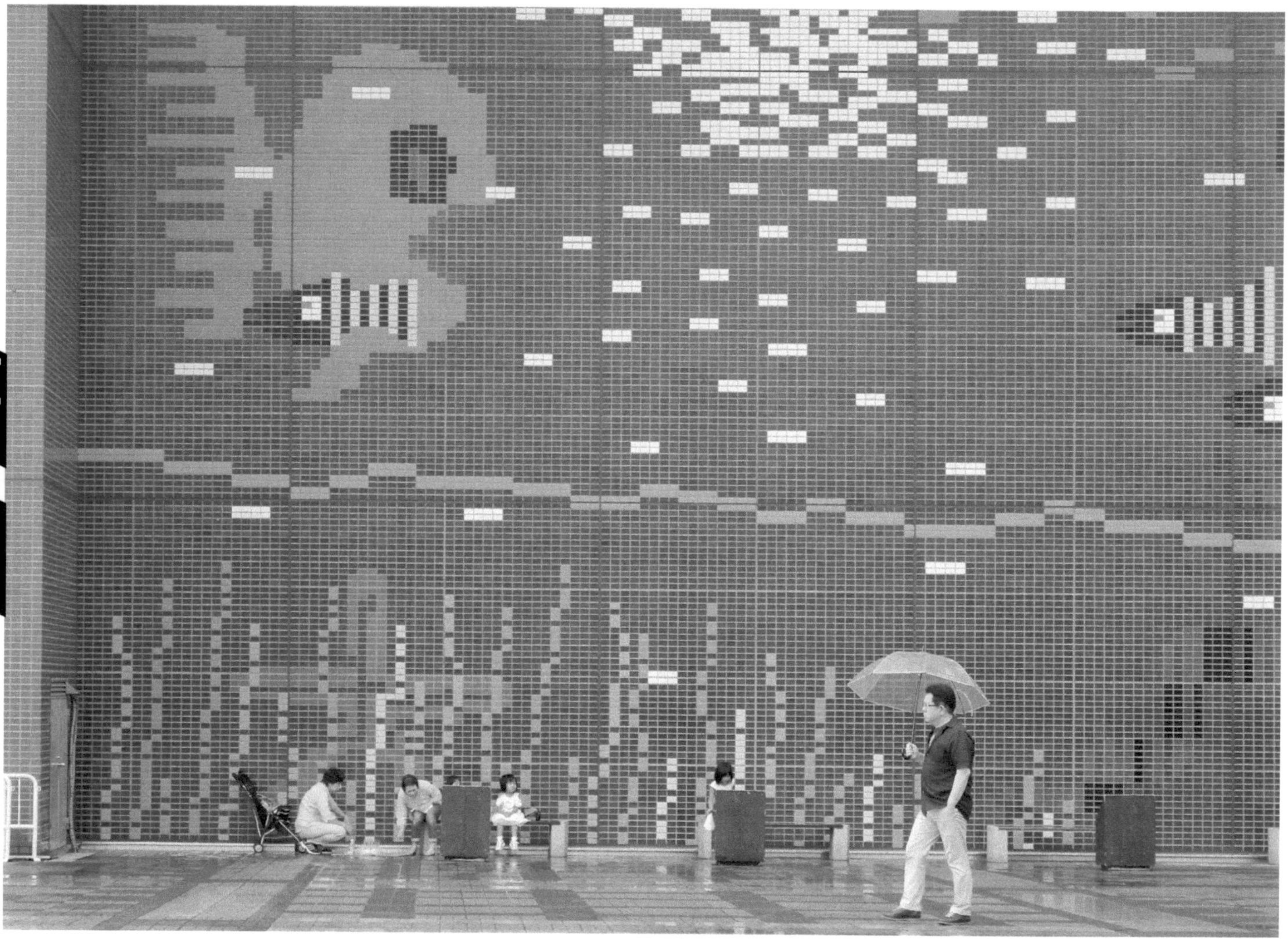

都島
なにわ500
い 54-81

梅田倉庫
11 阪神高速
梅田 入口 100m
JR

とらや
力美粧園
22-2754
TANAKA
ヤマハ
反対

pepsi

NISSEI
NISSEI

STARBUCKS
TSUTAYA

のビールに、UMAMIはあるか。
ザ・モルツ
ザ・新発売

ArtHouse

Ein Streifzug durch Frankfurter Programmkinos.

In meiner Jugend in einem verschlafenen Schwarzwalddorf war ich Teil des örtlichen Programmkino-Teams. Jede Woche trafen wir uns unter dem Dach des Jugendzentrums, mit Fanta, Chips und einem langwierig demokratisch gewählten Film aus der Videothek drei Straßen weiter, der mir meist viel zu brutal war. Das Programm im bescheidenen Kinosaal wurde mit viel Sorgfalt und Liebe zusammengestellt. Unser Ziel war eine gelungene Mischung aus Anspruch und Unterhaltung. Und da das nächste Multiplex-Kino mehrere Ortschaften entfernt lag, erfüllte unsere Arbeit gleichzeitig noch den Zweck, ein wenig Leben ins Dorf zu bringen.

Nun lebe ich seit knapp 10 Jahren in Frankfurt, und anstatt 25 km zum nächsten großen Kino zu fahren, kann ich aus einer Fülle von Einrichtungen in fußläufiger Nähe wählen. Doch wie sehr unterscheidet sich denn das Programmkino von einem - wie nennt man es denn? - herkömmlichen Kino? Allein die Wortwahl fällt schwer.

Vergleichen könnte man sie hinsichtlich des wirtschaftlichen Interesses, des Anspruchs an das Filmerlebnis, der Atmosphäre und natürlich hinsichtlich der Besucher. Oft erweckt es schließlich den Eindruck, dass es dem herkömmlichen Kino ausschließlich darum geht, dem passiven, seichte Unterhaltung suchenden Zuschauer, einen kurzweiligen Abend zu bescheren. Dabei steht die langfristige Gewinnmaximierung im Vordergrund. Der Zuschauer wird hierbei zum Verbraucher, er kauft sich Bespaßung und Bespielung und prägt mit seinem Unterhaltungsanspruch das Genre und die Machart künftiger Filme. Im Kontrast zu solch einer Betrachtungsweise wird das Programmkino zu einem Ort stilisiert, an dem nicht Berieselung, sondern Information und künstlerischer Anspruch im Vordergrund stehen. Der Programmkinogänger wirkt kultiviert, kritisch denkend, die Dinge hinterfragend, und nichts läge ihm ferner, als zwei Stunden lang vor der großen Leinwand seinen Verstand auszuschalten und sich ins Reich der Fantasiewelten entführen zu lassen, womöglich noch - Gott bewahre! - in 3D.

Doch stopp: Ganz so einfach ist es natürlich nicht. Aufgeweicht werden die Grenzen zwischen herkömmlichem und Programmkino bereits durch die Auswahl der Filme: Einige Streifen, die anfangs Geld in die Kassen der großen Kinos spülten, werden mit etwas Verzögerung auch im lokalen Programmkino gezeigt. Die Verleihgebühren nehmen mit dem Alter der Filme ab, so dass Programmkinos oft einige Zeit ins Land gehen lassen, um einen beliebten Film auch im eigenen Haus vorzuführen. Und da sich bereits die Filme alles andere als eindeutig einem Kino-Typus zuordnen lassen, lässt sich auch das Publikum nicht so recht klassifizieren. Wer heute Lust auf Action hat, interessiert sich morgen vielleicht für einen Dokumentarstreifen über die Vermüllung der Weltmeere. Auch wenn die meisten Menschen sicher das ein oder andere Genre bevorzugen, gibt es natürlich auch einige, die einfach das Kino lieben und keinen ideellen Unterschied zwischen Arthouse und Unterhaltung sehen. Und auch die Gewinnorientierung der großen Kinobetreiber sollte nicht als Alleinstellungsmerkmal aufgeführt werden. Schließlich besteht auch beim Programmkino - vollkommen zu recht - der Anspruch, kostendeckend bis gewinnorientiert zu wirtschaften. Müsste man also den einen unterscheidenden Faktor nennen, der zwischen Programmkinos und den herkömmlichen unterscheidet, so ist es wohl am ehesten die Anzahl der Kinosessel im Saal. Und genau dieses heimelige Gefühl, unter Gleichgesinnten zu sitzen, in einem kleinen Saal mit individuellem Charakter, macht vermutlich den Löwenanteil der Programmkino-Magie aus.

Und wo lässt sich in Frankfurt der Leinwandliebe frönen? Die Auswahl ist groß, kann darum schwer fallen. Manche der Spielstätten werden hier nun vorgestellt. Zuweilen fiel auch hier die Entscheidung schwer, welches Kino denn nun (ein) Arthouse sei, oder auch nicht. Die folgende Übersicht erhebt darum nicht den Anspruch auf Vollständigkeit, sondern versteht sich als groben Überblick und Anregung.

Das **Orfeo's Erben** stellt zweifelsfrei die Crème de la Crème der Programmkinos dar: Im Zusammenspiel mit der gediegenen Loft-Atmosphäre und der gehobenen Küche bildet der elegant-gemütliche Kinosaal das Sahnehäubchen des gelungenen Abends. Zwischen dem Stilmix der Inneneinrichtung - Orient-flair meets lounge-feeling - bleiben dem Besucher besonders die Pärchen-Kinosessel in den hinteren Reihen im Gedächtnis. Per Knopfdruck lässt sich die Rückenlehne verstellen, und selbst in halb-liegender Position ist die Leinwand noch gut zu sehen, abgestuften Sitzreihen sei Dank. Ein Kino mit Chill-Faktor also. Oder, wie ein Mädchen in den

Filmforum höchst
MAL SEH'N KINO CAFE
60318 Frankfurt
www.malsehnkino.de
ORFEO'S ERBEN
Spätvorst.
Late Night
EUROPA CINEMAS
Dezember 2015
harmonie & cinema
deutsches filmmuseum
VHS Filmforum Höchst
Eintrittskarte Erwachsene
Preis lt. Aushang
pupille
cinema-kinos
Ewige Jugend
HoRsT
Bar - Küche - Veranstaltungsort
Frankfurt
Ewige Jugend
09.01.2016 20:30
EUR 9,50
20:30 cine-studio
REIHE - SITZ
MAL SEH'N KINO
Adlerflychtstraße 6
Eintrittskarte
s steht Kopf
harmonie-kinos
James Bond-Spectre
10.11.2015
20:30
8,00
Picknick mit Bären
23.10.2015 20:20
EUR 8,00
20:20 cine-studio
REIHE - SITZ
Auf Verlangen vorzeigen. Karte ist nur für die gelöste Vorstellung gültig.

Reihen vor mir bemerkte: "Da kann das Metropolis nicht mithalten." Klar, das Rundum-Erlebnis mit Dinner, Getränken und Kinovorstellung hat seinen Preis. Manch einer wird wohl etwas länger nachdenken, ob das Abendbudget wirklich die 50-Euro-Marke überschreiten sollte. Doch auch bei Ebbe im Geldsäckchen kann man sich getrost in den Kinosaal in der Hamburger Allee wagen: Der Eintrittspreis für den Film allein unterscheidet sich nicht von dem anderer Programmkinos. Der selbe professionelle Anspruch an Filmerlebnis sowie Gastronomie prägt auch die Gestaltung der Homepage. Einen bleibenden Eindruck hinterlassen, das können die Betreiber. Hut ab für ein edles Cineastenparadies, das aus der Rolle fällt.

Die angenehme Mischung aus sorgfältig ausgewählten Streifen und mondänem Stil findet man auch im Kinosaal im Souterrain des **Filmmuseums** am Schaumainkai. Super bequeme Sitze mit rotem Samtbezug, farblich passende Wandgestaltung und ein Top-Soundsystem bei einem nicht zu großen Saal - was will man mehr? Ein Jäckchen oder einen Schal sollte man jedoch im Gepäck haben, denn bei der Einstellung der Klimaanlage orientiert sich dieses Kino offenbar an amerikanischen Standards.

Wer bodenständiges Programmkino sucht, ist im **Filmtheater Valentin** bestens aufgehoben. Jede Woche werden zwei Filme im Abendprogramm gezeigt, sonntags gibt es Kinderkino und ab und an ein Matinée. Filmliebhabern geht beim traditionellen, liebevoll ausgesuchten Vorfilm das Herz auf. Feine Snacks und günstige Getränke gibt's auch, und wer zu viel Anfahrtszeit eingeplant hat, kann es sich in einem angrenzenden Raum (Café wäre nun doch etwas übertrieben) gemütlich machen. Es lohnt bei der Gelegenheit, ein Gespräch mit den Mitwirkenden zu führen. Doch Vorsicht, so viel Begeisterung für Filme mag ansteckend wirken! Ältere Semester seien jedoch vor Filmen mit Überlänge gewarnt: Die anfangs sehr bequemen Kinosessel im kleinen Vorführsaal lassen mit der Zeit den Nacken schmerzen.

Unweit des Valentin findet der Hobby-Cineast mit dem **Filmforum Höchst** gleich die nächste Spielstätte mit Anspruch an die Filmkultur. Im Foyer des Neuen Theater Höchst versorgt man sich mit Getränken aus der kleinen Auswahl, bevor es in den ersten Stock zum Kinosaal geht. An der Kasse liegen die Programme anderer Kinos aus, unter anderem der Pupille. Sehr charmant! Beide Kinos legen bei der Auswahl der Filme eine ähnliche Sorgfalt und einen vergleichbaren Anspruch an den Tag, so dass vermutet werden kann, dass es hier auch personelle Überschneidungen gibt. Beim Betreten des Kinosaals fällt der schlauchförmige Schnitt auf, der Boden ist minimal abschüssig, was einen überraschend großen Effekt auf die Sicht hat. Durch den großen Abstand der Sitzreihen und die weich gepolsterten Sessel sitzt man den ganzen Film über äußerst bequem. Frappierend erscheint nur, dass man am Ende des Films durch die Fluchttür auf die Straße gespült wird, wenn das Theater bereits geschlossen hat.

Ein Besuch des **Cinema** am Rossmarkt hingegen katapultiert den Cineasten in eine Ära, in der der Kinobesuch noch romantische Klasse hatte. Das Erlebnis beginnt am Kartenverkauf: Ein Glaskästchen, wie man es sonst nur in Filmen sieht. Tickets kaufen, wegtreten, hinein ins Abenteuer durch die Eingangstür. Es riecht verführerisch nach zuckersüßem Popcorn. Trotz vollem Foyer halte ich binnen Sekunden die gekühlten Getränke in den Händen. Der Kartenabreißer weist den Weg, die Treppe hinab. Im Saal dominiert roter Samt. Die Plätze sind kuschelig-gemütlich und dank des abschüssigen Bodens ist die Leinwand von jedem Platz ohne Verrenkungen sichtbar. Hier sitzt man neben gutgelaunten Mittvierzigern mit randloser Brille. Augen auf bei der Platzwahl - mancher Gast frönt gern dem Hang zum lautstarken Kommentieren der Handlung, bis hin zu Szenenapplaus. Viel zu schnell ist die Zeitreise ins Kino längst vergangener Zeiten vorbei und ich lasse mich mit den anderen Besuchern nach draußen treiben.

Voller Vorfreude steht also der Besuch des Schwesternkinos **Harmonie** am Rande von Alt-Sachsenhausen an. Auch hier der betörende Popcornduft, die selbe Getränke-Auswahl, keine Werbung vor dem Film... und auch hier gibt es mehr als einen Kinosaal. Der gefühlte Unterschied ist frappierend. Saal 1: Treppe hoch, rein in den Saal, Licht aus, Action an. Die Einrichtung wirkt eher funktional, ein Wohlfühl-Erlebnis will sich nicht so ganz einstellen. Vielleicht liegt es am Eingang, denn der liegt bei den vorderen Reihen, so dass jeder Nachzügler das ganze Publikum ablenkt. Das gibt es zwar auch in Saal 2 neben dem Foyer im Erdgeschoss. Doch hier findet man eine eher

Eine grobe Bewertung der vorgestellten Kinos in Schulnoten:

Kino	Homepage	Sitzkomfort	Getränke/Snacks*	Unterhaltung vs. Information
Filmforum Höchst	5	2	4	●
Filmtheater Valentin	4	3	1	●
Kino des deutschen Filmmuseums	2	1	2	●
Mal Seh'n Kino	2	3	1	●
Orfeos Erben	1	1	3	●
Pupille	1	5	2	●
HORST	5	4	2	●
Cinema	3	1	3	●
Harmonie	3	2	3	●

* Dieser Index wurde berechnet aus der Auswahlmöglichkeit sowie den Preisen. Es wurde berücksichtigt, ob lediglich kleine (0,33 l) oder auch große (0,5 l) Getränke angeboten werden.

heimelige Stimmung. Liegt es an dem Leuchtdioden-Sternenhimmel?

Die einzigen wenigen Kritikpunkte, die man dem Cinema sowie der Harmonie aber gern verzeiht: Die tagesabhängige Preisstaffelung der Karten ist unnötig unübersichtlich, und die Homepage informiert stets nur über das Programm der nächsten paar Tage. Sehr durstig sollte man die Kinos auch nicht besuchen, denn die Getränkeauswahl beschränkt sich auf 0,33-Literflaschen.

Kleine Biere und co. gibt es auch in der **Pupille**, dem studentisch geprägten und als e.V. geführten Kino im Studierendenhaus auf dem langsam verblassenden Campus Bockenheim. Außerdem ergibt sich hier die Möglichkeit, für einen geradezu lächerlich geringen Preis einen unterhaltsamen Abend zu verbringen. Die besten Plätze in der Mitte verteidigt man gegen Cliquen mit imposanten Bärten, Schlaufenschals und Strickpullovern. Wer früh kommt, ergattert ein Sitzkissen - unbedingt zu empfehlen, selbst für Erstsemesterhintern. Zwei Stunden auf den kargen Holzstühlen steckt selbst der Uni-Jungspund nicht so einfach weg. Zu Beginn informieren Trailer über die weiteren Programmperlen des Semesters, und ab und zu ist selbst der Regisseur zugegen, oder sind es wahlweise auch thematisch passende Vertreter von Organisationen wie Amnesty International. Das Programm würfelt sich aus Trash, Klassikern, Dokumentarfilmen und Arthouse-Stücken der vergangenen Monate zusammen. Zu empfehlen ist der Kurzfilmabend. Ein Blick auf die gekonnt gestaltete Homepage informiert nicht nur über das Programm des aktuellen Semesters, sondern auch über die über 60-jährige Geschichte der Pupille. Lesenswert!

Wer sich nun zu alt für die Pupille fühlt, gerne aber anspruchsvolles Programm im ungezwungenen, lässigen Flair der Studentenzeit genießt, dem sei das **Mal Seh'n** im Nordend empfohlen. Tickets zum Einheitspreis kauft man an der Theke des vorgelagerten Cafés, das an Heimeligkeit kaum zu überbieten ist und nach der Vorstellung zum Bleiben und Versacken einlädt. Bei den fairen Preisen und der stattlichen Auswahl deckt man sich gerne auch noch mit Getränken zum Film ein. Das Interieur des Kinosaals ist funktional und schlicht gehalten. Kein Schnickschnack an den Wänden, blaue, abgestufte Samtsesselreihen, eine gewaltige Lautsprecherbox seitlich der Leinwand und voilá - willkommen im bodenständigen Filmgenuss. Ein weiterer Pluspunkt: Die Barrierefreiheit des Kinos wird bereits auf der Homepage thematisiert, wobei nicht nur gehbehinderte Menschen, sondern auch gehörgeschädigte und sehbehinderte bedacht werden.

Zu guter Letzt noch einen Hinweis auf ein Teilzeit-Programmkino: Im **HoRsT**, dem neuen Projekt der SiKS-Aktivisten in den Adlerwerken, wird monatlich zum Rundum-Filmpaket "Pasta, Kino e Vino" geladen. Der Eintrittspreis beinhaltet - wer hätte es gedacht - einen Spielfilm nebst einem Glas Wein und leckerer, liebevoll zubereiteter Pasta. Die frühen Vögel haben die Chance auf einen Platz auf der Couch direkt vor der Leinwand, auf die mittels Beamer etwas schief der Film projiziert wird. Kleine Knabbereien und dutzende Teelichter sorgen für das gewisse Extra. Der einzige Mäkelpunkt ist ganz klar die traurige Tonqualität - zum Glück gibt es Untertitel! Doch das junge Publikum im HoRsT scheint sich daran nicht zu stören, darum ist es definitiv ratsam, nicht zu spät aufzuschlagen - besonders als Gruppe.

Denn klassisches oder Programmkino hin oder her und unabhängig von der Wahl der Spielstätte - gemeinsam ist Kino eben doch am schönsten. Und im Kontrast zur Multiplex-Kinoerfahrung meiner Jugend kann ich vom HoRsT, so wie von vielen anderen der hier vorgestellten Kinos, einfach nach Hause schlendern und den Eindruck des Films auf mich wirken lassen.

ZUM THEMA GILDEPASS

Eine feine Sache: Mit Erwerb des Gildepasses wird man für ein Jahr zum fördernden Mitglied und wird in manchen teilnehmenden Kinos mit ermäßigten Eintrittspreisen belohnt. Über die ideelle Förderung von Programmkinos hinaus dürfte sich der Gildepass allerdings nur für jetsettende Frankfurter rechnen. Lediglich das Mal Seh'n und Orfeos Erben beteiligen sich an dieser Aktion; nach spätestens sechs Besuchen im Jahr rechnet sich die Mitgliedschaft. Wer jedoch viel in Deutschland unterwegs ist, dem dürfte der Pass einen Anreiz schaffen, die zahlreichen Programmkinos in Städten und Provinzen zu beschnuppern.

DIE STADT
EIN BILDERRÄTSEL

Die Stadt ein Bilderrätsel
Ein verlorener Schuh auf dem Bürgersteig
Schaufensterdekorationen aus einer anderen Zeit
Absperrungen, die nichts absperren
Schilder, die ins Nirgendwo zeigen
Hunde, die in Schaufenstern schlafen
Vorgärten als Zwergenparadies
Ein Stillleben aus Müll
Vernachlässigtes, das nun ein Eigenleben entwickelt
Bäume, die mit Zäunen verwachsen
Fahrräder, die mit Pflanzen verwachsen
Gefundene Zettel mit Botschaften an die Nachbarschaft
Eine Couch zum Verweilen auf der Straße
Eine Handvoll toter Bienen neben einer Bushaltestelle
Taubenschritte im Beton

NEU &
SECONDHAND
SECONDINO
FÜR MUTTER
& KIND

SULO

Kiosk
Starberger Merkur
Süßwaren · Getränke
Eis · Coffee to go
Starnberger Merkur
MEHR ZEITUNG
LANGNESE
SOMMER
LANGNESE
EISZEIT

KÖSEMMARKET
LEBENSMITTEL • OBST -& GEMÜSE • METZGEREI
CANNSTATT • KORNWESTHEIM • LUDWIGSBURG • SINDELFINGEN • KARLSRUHE
GAZI

2

BERG

Ausfahrt freihalten
Hier wache ich!
HUNDE DIE BELLEN BEISSEN NICHT. ICH BELLE NICHT!!!
Vorsicht gefährlicher Hund!
Achtung! Pflichtbewußter Hund!
cane cattivo!
CHIEN MECHANT BEWARE OF DOG
BEWARE PASOP QAPHELA HLOKOMELA
ATTENTI AL CANE AL PADRONE E A TUTTA LA FAMIGLIA
DER WILL NICHT NUR SPIELEN!
BEWARE OF DOG
ΠΡΟΣΟΧΗ ΣΚΥΛΟΣ
DIKKAT KOPEK VAR
Please Shut Gate
UWAGA ZŁY PIES
Warnung vor dem Hunde
CAVE CANEM
Aufpassen!
ATENTIE CAINE RAU
VORSICHT! Bissiger Hund! Betreten auf eigene Gefahr!
WARNING

des Grundstücks auf eigene Gefahr
Coca-Cola
DÖNER
STEHIMBISS 111
PUTEN
DÖNER KEBAP
IMBISS
BEILAGE (UNGARISCHE) & (PERSISCH

R7
LOUNGE

LECKER

UNTERWEGS IM DOPPELSTOCK-BUS

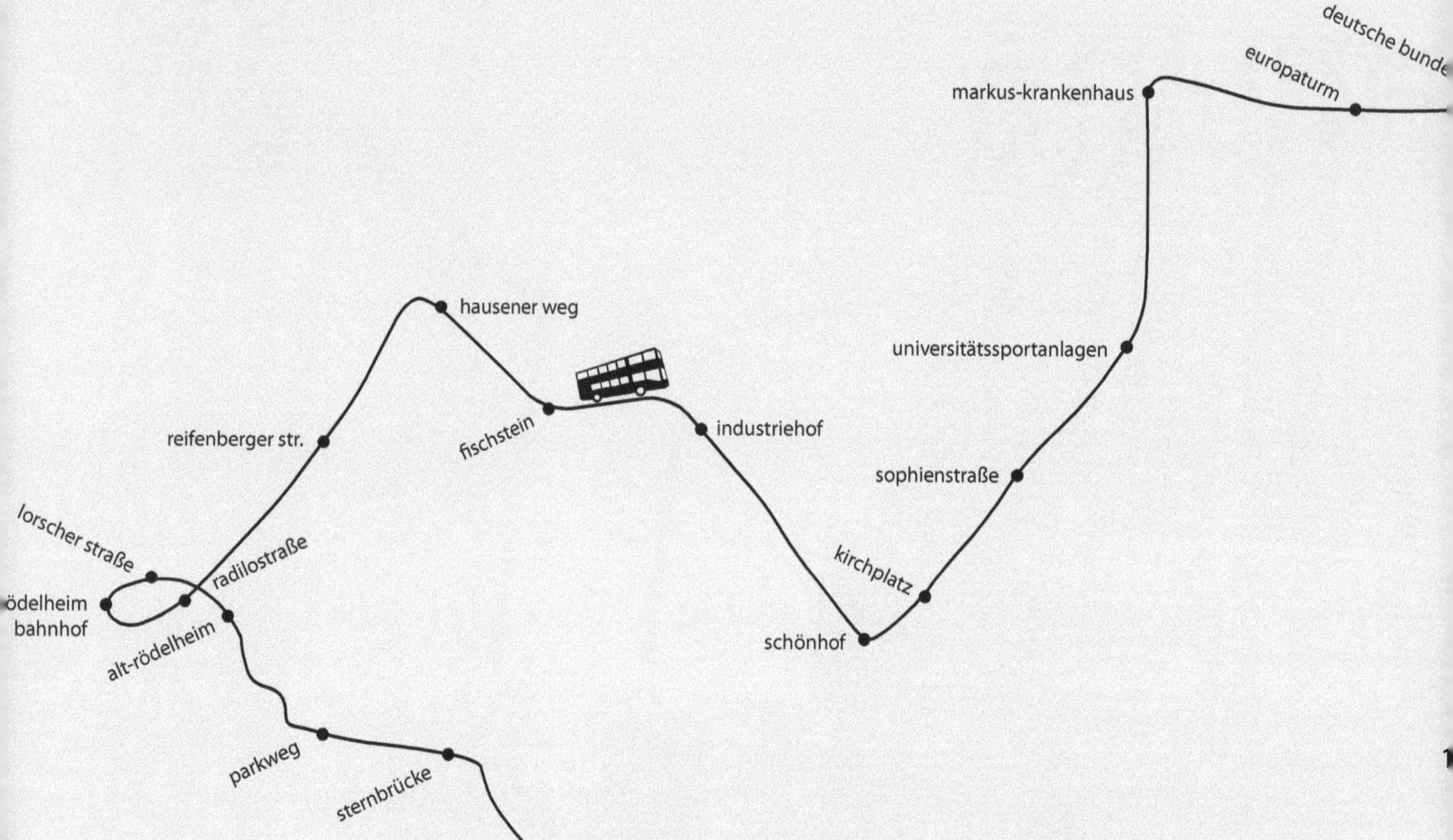

Man müsse nur mal zwei Jahre den 34er Bus gefahren sein, so ein Fahrer zu einem Kollegen, um zu wissen, was es bedeutet, in Frankfurt Busfahrer zu sein. Ohne den Kern der Andeutung zu bestätigen oder anzufechten, verweist diese doch auf eine gemeinhin anerkannte Tatsache: Das Busfahren wird, von Fahrer wie Passagier gleichermaßen, als ein notwendiges Übel, als eine zu meisternde Hürde auf dem Weg zum Ziel angesehen. Selten ist es Selbstzweck, nicht mal dort, wo das Busfahren als Mittel der Stadterkundung, wie im Fall der Buslinie 100 in Berlin, eine komfortable Art der Fortbewegung im Stadtraum ermöglicht. Höchste Zeit also, dem Phänomen des "Bus-fahrens" zu seinem Recht zu verhelfen und einige grundlegende Überlegungen zu dessen Charakter anzustellen.

Normalerweise verbinde ich mit einer Busfahrt nichts besonderes, vor allem dann nicht, wenn eine Strecke zur alltäglichen Routine geworden ist. Gerade dann wird das Erlebte durch und durch zur Gewohnheit: Die einzelnen Stationen, deren Abfol-

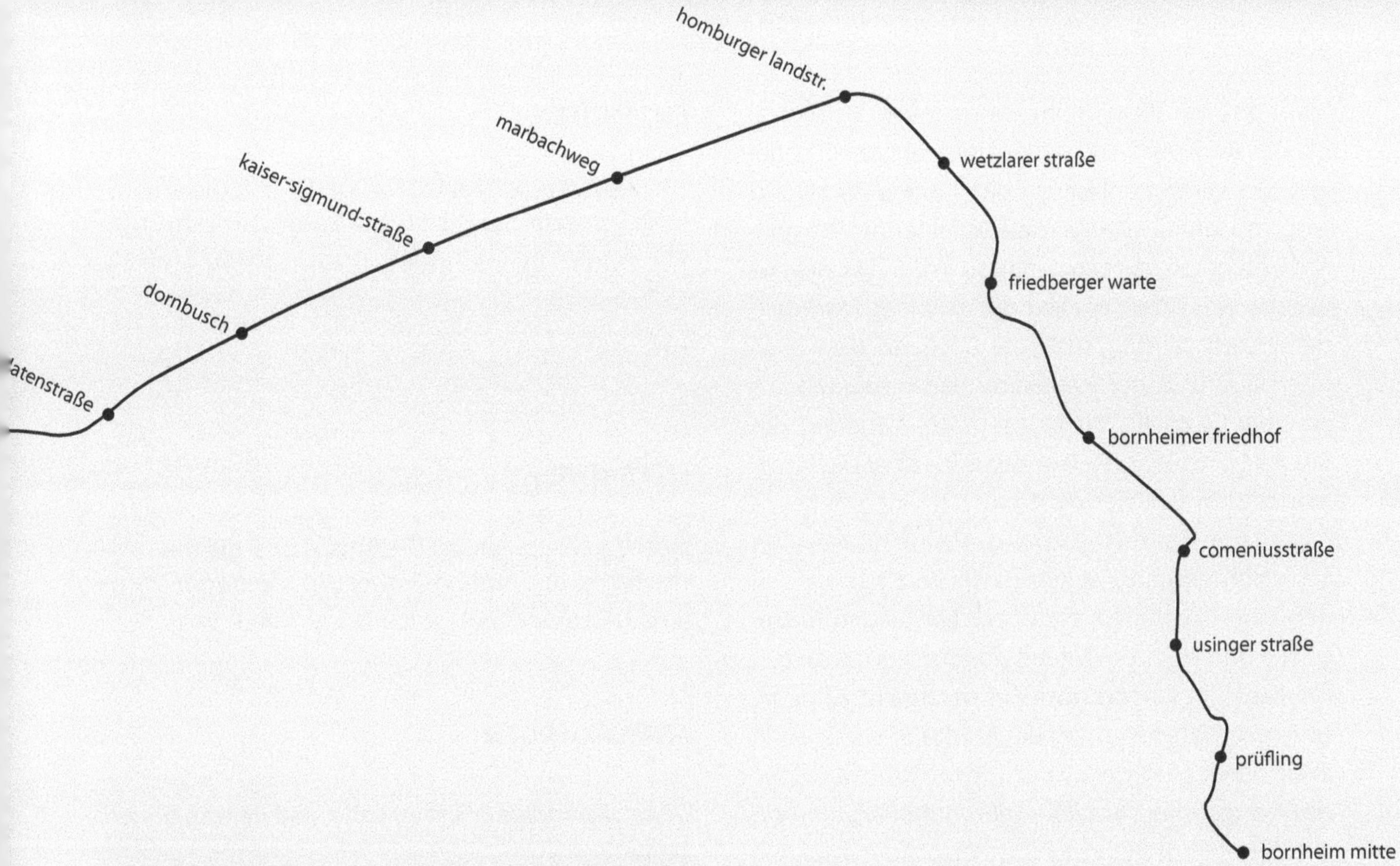

ge ich bereits verinnerlicht habe und die die Raumzeit der Busfahrt takten, erlauben mir die Verortung auf einer Strecke. In den seltensten Fällen wird die Strecke allerdings selbst zum Gegenstand der Kontemplation, so z.B. wenn die Fahrt aus irgendeinem Grund ins Stocken gerät oder eine Irritation die Fahrroutine unterbricht. Was Johannes Linschoten in seinem Essay "Die Straße und die unendliche Ferne" über die Straße schreibt, trifft gewissermaßen auch auf die Passage im Innern eines Busses zu: "Wir sind nicht auf der Straße um der Straße willen, wir sind auf der Straße indem wir auf dem Wege zum Ziel sind."[1] Indem wir uns intentional bereits auf ein Ziel gerichtet haben, verkommt das Unterwegssein zur Wartezeit, gleich einer Lücke, die es bis zum körperlichen Erreichen des Bestimmungsortes zu bewältigen gilt. Die Wahrnehmung dessen, was sich während der Passage ereignet, erfolgt vom Standpunkt des "intentionalen Hier und Jetzt des Zieles"[2]; in rückgewandter Einstellung erleben wir unser eigenes Voran- und Ankommen. Das erklärt die Spannung, die zwischen einem körperlich gebundenen Hier-sein im Inneren des Busses und einem intentionalen Da-sein am Bestimmungsort entsteht, und die immer dann besonders deutlich hervor tritt, wenn die Fahrt ins Stocken gerät. So richtet sich meine Wahrnehmung im tagtäglichen Stop-and-go meist auf das, was 'Geradeaus' passiert. Ich passiere die bekannten Straßen, Geschäfte und Gebäude ohne wirklich von ihnen Notiz zu nehmen. Sie dienen mir lediglich als Richtmarken, anhand derer sich der Weg in raumzeitliche Abschnitte unterteilen lässt. Zudem wird die Wahrnehmung durch die niedrige Position im Innern des Busses und die beschränkte Perspektivität eingegrenzt. So verschwimmt die eindrucksvolle Stadtlandschaft während einer Busfahrt zu einem transitorischen Raum des 'Hindurch'.

Wie könnte das Bus fahren zu einer angenehmen Art und Weise der Durchquerung des städtischen Raums werden? Und wie könnte sich die Perspektive auf ebendiesen verändern? Während einer einwöchigen Testphase Ende des Jahres 2015 wurde auf der vielbefahrenen Linie 34 in Frankfurt am Main ein Doppelstock-Bus der AG Traditionsbus Berlin eingesetzt. Auf einer der Fahrten begleitete ich den "gelben Riesen" im oberen Stockwerk mit einer Kamera vom Gallus bis nach Bornheim - das Resultat war eine knapp einstündige Hommage an den öffentlichen Nahverkehr. Die Standbilder auf der anderen Seite wurden in regelmäßigen Abständen aus dem Video extrahiert und in chronologischer Reihenfolge angeordnet. Sie vermitteln einen Eindruck davon, welche Perspektive auf den Raum der

Stadt aus der Position im Panoramadeck möglich ist. Der Blick wird aus seiner Unidirektionalität gelöst. Der verengte Blick auf das 'Geradeaus' erfährt eine horizontale wie vertikale Aufweitung. Die oberen Geschosse geraten genau so in den Blickwinkel wie das, was sich in der Ferne abzeichnet. Fassadendetails, Sichtachsen, entfernte Gebäude, die vielfältigen Eindrücke der Stadtlandschaft verbinden sich zu einem Mosaik, das sich je nach Wendung des Busses verschiebt. So legt der Blick über die Kirchmauer zum Beispiel die Sicht auf einen liebevoll gestalteten Garten frei. Voraussetzung für diese Art der Wahrnehmung ist jedoch die Bereitschaft, sich den Eindrücken in ästhetischer Einstellung hinzugeben und sich vom Neuen überraschen zu lassen. Die Fahrt im Doppelstock-Bus verspricht keine alternative Wahrnehmung der Stadt per se, sie stellt allein deren Möglichkeit dar. Die im wahrsten Sinne des Wortes festgefahrenen Sehroutinen können auf diese Weise unterlaufen, neue Perspektiven auf den eigenen Stadtteil freigelegt werden. Natürlich ließe sich nun einwenden, dass selbst das Sehen aus Panoramaperspektive irgendwann zur Routine werde und keine besonderen Einblicke mehr erlaube. Das mag sein, es schließt jedoch nicht aus, sich bis dahin an deren Unalltäglichkeit zu erfreuen.

FUSSNOTEN

1 Linschoten, Johannes: Die Straße und die unendliche Ferne, in: Stephan Günzel (Hg.), Texte zur Theorie des Raumes, Stuttgart 2013, S. 364-375, hier S. 364.

2 Ebd., S. 371.

LITERATUR

Linschoten, Johannes: Die Straße und die unendliche Ferne, in: Stephan Günzel (Hg.), Texte zur Theorie des Raumes, Stuttgart 2013, S. 364-375.

ANMERKUNGEN

Den vollständigen Film zu Fahrt und Beitrag finden Sie unter:
https://vimeo.com/149331808

Alternativ könne Sie die QR-Codes auf der Titelseite dieses Beitrags nutzen.

Illustrationen: csi

Glück

34
n1
n2

Agip

REWE

SEHNSUCHTSSTADT LEIPZIG

din

Die Eisenbahnstraße im Leipziger Osten, Herbst 2015: HausbesitzerInnen schließen die Türen ihrer ansanierten Häuser zur Besichtigung auf, junge Menschen mit dem gewissen Etwas strömen die Treppen hinauf, wollen jauchzend reservieren, Wände einreißen, selbst verlegen, Dielen freilegen, den alten Charme bewahren; „Ich will keine komplett durchsanierte Wohnung. Ich will körperlich arbeiten, abschleifen, schrauben. Und ich will mein Haus kennen und nicht nur meinen Nachbarn zunicken"[1]. Während hier gerade noch jedes dritte Haus aufgrund fehlender Nachfrage leer stand, kommt es jetzt zu einer unbekannten Art von Sanierungsstau. Die Gebäude müssen schnellstens und mit den einfachsten Mitteln zumindest auf den milieukonformen Standard gebracht werden: Strom und Wasser liegen an, das Dach ist dicht, das Aufarbeiten der Türen, Fliesenverlegen und Verputzen der Wände soll durch die neuen MieterInnen geschehen. Und diese freuen sich nicht nur, dass sie damit den Mietpreis wenigstens auf das Niveau drücken können, das vor drei Jahren noch für sanierte Wohnungen galt, sondern auch darüber, dass sie sich selbst als Handelnde und Gestaltende erleben können. Auch wenn die Bewohnenden keinen Eigentumstitel am Haus erhalten, sind solche Orte für Außenstehende kaum von den ca. 80 Leipziger Hausprojekten in Kollektiveigentum zu unterscheiden. Die Ästhetik der abgenutzten „Couchecke" und des „öffentlichen Wohnzimmers"[2] in zahlreichen, tagsüber unsichtbaren halböffentlichen Räumen und offspaces ist derart vorherrschend geworden, dass erste Gegenentwürfe auf den Plan gerufen werden. Der hochschwelligen Innenarchitektur jener wilden Räume setzt beispielsweise das "Kulturcafé für dich" dezidiert Konventionelles entgegen: „Das Café will nicht an bestehende subkulturelle Biotope anknüpfen", soll „stabile Öffnungszeiten bieten" und „nicht zu schick und zu ausgefallen aussehen, sondern nett, aber normal"[3]. Tatsächlich ist das Café mit dieser Normalität zum Aufreger im Viertel geworden und wurde mit dem Graffitischriftzug „Kultur nein danke" beehrt.

Zufallsgespräche auf der Eisenbahnstraße verlaufen oft ähnlich: Erst seit zwei Wochen in Leipzig; vorher: irgendeine festgefügte westdeutsche Stadt, in der nichts mehr geht; jetzt: kein Jobangebot, vielleicht studieren; Hauptsache aber erst einmal: in Projekten mitmachen, wohnen, ausbauen, No-Legida-Demos, Küfa, Vernetzungstreffen gegen Gentrifizierung. Die von der wilden Reurbanisierung Gestreiften eint eine ähnliche Erscheinung: Übernächtigte und euphorisch weit aufgerissene Augen, von Kohlen-dreck und Bastelei beriebene Hände, abgewetzte Kleider bestäubt mit Bauschmutz. Das bundesdeutsche Feuilleton hat seine Freude an ihnen, denn sie verkörpern mit ihrer vitalen Selbsthilfe, die nichts von lahmenden Bürgerinitiativen oder Eigenheim-Werkelei hat, wie niemand anderes eine ersehnte Gründerzeit 2.0. Im Leipziger Osten kommt die mittlerweile zum eigenem Genre gewordene Hypezig-Berichterstattung zu sich selbst. Vorgefunden wird genau jene Mischung aus „nützlicher Illegalität" (Niklas Luhmann) und einer „Erotik des Informellen" (Kai Ehlers), die keine Angst, sondern im Gegenteil Sehnsüchte im Lesenden auslöst: Nach einem weniger entfremdeten Dasein, kollektiven Experimenten, Extasen und einem selbstbestimmten Leben ohne „starre" Arbeitsstrukturen. Darunter macht es das deutsche Feuilleton heute nicht mehr.

EXPERIMENTELLE KAPITALVERLASSENHEIT

Zu jedem ordentlichen Hypezig-Artikel gehört freilich auch der mahnende Hinweis auf den sozialen Hintergrund, vor dem die bunte Karawane von Viertel zu Viertel zieht. Steigende Mieten, soziale Segregation, prekäre und schlecht bezahlte Jobs werden selbst in den euphorischen Berichten nicht verschwiegen – auch wenn die offizielle städtische PR nur ungern die Superlative der Aufstocker- und Armutshauptstadt zirkulieren lässt. Von einer Umwidmung städtischer Armut in sexiness, wie dies in Berlin praktiziert wird, kann in Leipzig noch keine Rede sein. Auch wenn der Slogan "Leipziger Freiheit" offenkundig auf Resonanz stößt, hat sich das Leipziger Stadtmarketing mit seiner Leipziger Notenspur und den Jahrestagsfeierlichkeiten zu Völkerschlachtdenkmal und Stadtgeburtstag nicht sonderlich an die neuen Zuwandernden angenähert. Unlängst hat die aktuelle Kampagne um den Slogan Likezig den Graben trotz oder wegen zelebrierter Jugendlichkeit eher noch vertieft. Armut wird in der Öffentlichkeitsarbeit der Stadt

am ehesten noch in Begriffe wie Freiheit und Möglichkeiten umgewidmet und damit in den Bereich von Experiment und selbstgewählter Lebensform verschoben. Jene experimentellen Formen am Übergang von politischer Ökonomie und Subjekt haben eine lange Tradition in Leipzig: Angefangen mit dem Einbruch der Industrieproduktion um ca. 80 bis 90 % in den ersten Jahren nach der Wiedervereinigung, auf den situativ mit Frühverrentungen, Arbeitsbeschaffungsmaßnahmen und Umschulungen reagiert wurde, über die Experimente des kommunalen „Betriebs für Beschäftigungsförderung" (BfB), die als ein lokales Testfeld für die nachfolgenden Hartz IV-Arbeitsmarktreformen betrachtet werden können[4], bis hin zur strategischen Förderung von „Experimentalr[ä]um[en] für eine neue ‚kreative Klasse'"[5] – stets wurde auf katastrophale ökonomische Situationen nicht ausschließlich mit Repression reagiert, sondern auch mit der Übertragung vergrößerter persönlicher Freiheiten und Selbstverantwortung. Auf diese Weise hat sich – obwohl Leipzig (wie der Großteil Ostdeutschlands) weiterhin auf immense Steuertransfers vermittels des Solidarpakts II angewiesen ist – in der Stadt eine Art Niedriglohn-Ausnahmeökonomie etablieren können, in der durch Subventionen angesiedelte „verlängerte Werkbänke" auf eine hochmotivierte, gut ausgebildete und ökonomisch anspruchslose Stadtbevölkerung treffen.

DAS RÄTSEL

Wenn es weder die Folge eines ausgeklügelten Stadtmarketings noch die Anziehungskraft einer verheißungsvollen „großen" Ökonomie ist, die die nicht vorhersehbare Zuwanderung seit 2011 auslöste, rückt die rätselhafte Frage in den Mittelpunkt, weshalb so viele junge, gut ausgebildete („schöne") Menschen in die damit am schnellsten wachsende deutsche Großstadt strömen. Auch wenn ein Großteil der Zuziehenden nicht explizit wegen Freiräumen, Hausprojekten und einer illegalen Clubkultur nach Leipzig ziehen mag, lässt sich doch beobachten, wie nischenhaft anmutende Lebensstilbedürfnisse in der Stadt hegemonial werden. Wer sich aufmerksam durch die einzelnen Quartiere bewegt, wird diese These nicht bestreiten können: In drei von vier Himmelsrichtungen breiten sich großräumig Stadtviertel aus, in denen wie auch immer alternativ geartete Wohn-und Lebensformen das öffentliche Erscheinungsbild bestimmen. Methodisch abgesichert, wenngleich nicht frei von verdinglichenden Tendenzen, verweist auch eine in der Wanderungsbefragung 2014 integrierte Lebensstilanalyse von Um- und Zuzüglern[6] auf Phänomene einer Milieukonzentration. Demnach sind zwei zuziehende „Lebensstilgruppen" gegenüber der ansässigen Leipziger Bevölkerung nahezu doppelt überrepräsentiert: Zum einen die Reflexiven, die sich als kulturaffine, „akademisch geprägte Avantgarde" durch „Kreativität und Experimentierfreude" auszeichnet und „nach eigenverantwortlicher Persönlichkeitsentfaltung" sucht. Zum anderen die Hedonisten, denen der Untersuchung nach fast jede_r Dritte der Zuziehenden angehört und die ihren „[j]ugendkulturelle[n] Stilprotest durch Mode und Musik, Innovationsfreude, gegenwartsbezogene Genuss- und Konsumorientierung [und] Extraversion" zum Ausdruck bringen und der „städtische[n] Spektakel- und Clubkultur" frönen[7]. Auch in ganz anderen Zusammenhängen wird eine Milieukonzentration konstatiert: Als am 5. Juni 2015 „[r]und 100 teils vermummte Randalierer" „eine Barrikade aus Reifen" anzünden, „drei Polizeiautos [...] demolier[en]" (Leipziger Volkszeitung, 6.6.15) und das Bundesverwaltungsgericht mit Steinen bewerfen, kocht eine mediale Debatte hoch, die erstmals nicht nur auf das Milieu des traditionellen „Szeneviertels" Connewitz abhebt, sondern auch Plagwitz (im Westen) und Reudnitz (im Osten) in den Fokus nimmt. Während der Leipziger Polizeipräsident Bernd Merbitz in Connewitz wie auch in Plagwitz „viele dieser Strukturen dieser Art" (MDR, 9.6.15) beheimatet weiß und raunt, dass „gleich mehrfach Spontanversammlungen, die Gewalttätigkeiten nach sich zogen, in direkter Nähe einer geisteswissenschaftlichen Studieneinrichtung ihren Auftakt nahmen" (Sächsische Zeitung, 11.6.15), überlegt der sächsische Innenminister Markus Ulbig, wie im Leipziger Stadtraum „gewisse Bündelungen und Konzentrationen zerschlagen werden können" (Leipziger Volkszeitung, 11.6.15). Gegenüber dem Vorwurf, dass die Stadt „angeblich Wohlfühlräume für gewalttätige Chaoten geschaffen habe", stellt sich Oberbürgermeister Burkhard Jung demonstrativ vor die alternativen „Lebensformen und entwürfe[]" (offener Brief des Oberbürgermeisters, 10.6.15) und verweist – inhaltlich überraschend – darauf, dass die Stadt „zum Beispiel genossenschaftliche Wohnformen und Selbstnutzerprogramme" unterstützt, die jedoch nichts „mit den Gewaltexzessen zu tun" (Leipziger Volkszeitung, 11.6.15) hätten. Aber auch Jung mutmaßt, dass die Stadt, die „noch viel Freiraum und ungeordneten Raum" zu besitzen scheint, ebendort Subkulturen beheimatet, „die ein Umfeld bieten, um anonym zu bleiben" (Leipziger Volkszeitung, 18.7.15). Anders, als es das Jammern über den

AMON

drohenden Verlust der „Lässigkeit" (und das damit in Verbindung gebrachte mögliche Abebben des Hypes um die Stadt) durch das „plötzlich" auftauchende „Gewaltproblem" nahelegt, wie es ein Artikel in der Zeit vom 22.6.15 zum Ausdruck bringt, trägt das Raunen und Munkeln von Merbitz, Ulbig und Jung eher noch zum Anwachsen des Mythos bei. Aus der Nische kommen nicht nur gewünschte soziale Innovationen, sondern auch der zornige Abhub von Reflexion und Kreativität.

SELTSAME SEHNSUCHT: DER MYTHOS DES „WENIGER-ARBEITEN-MÜSSENS"

Die Antwort auf die Frage, was die vielen jungen, alternativen, reflexiven und hedonistischen Menschen sich in Leipzig konzentrieren lässt, könnte ansatzweise mit der Bildungsexpansion seit der Bologna-Reform in Verbindung gebracht werden, die eine Milieuexpansion studentischer Lebensstile zur Folge hat. Dezidiert sind es jedoch nicht ausschließlich die allerorten gefragten Fachkräfte, die in der Stadt auftauchen, sondern jene AkademikerInnen, die für die funktionale Reproduktion kapitalistischer Verhältnisse nur in begrenzter Anzahl benötigt werden. So wagen nicht selten ganze AbsolventInnenkohorten aus anderen Universitätsstädten nach dem Ende ihres geistes- bzw. sozialwissenschaftlichen Studiums den postuniversitären Einstieg in das „Berufs"leben Leipzigs, um weit unterhalb ihrer beruflichen Qualifikation bei Amazon und DHL zu jobben. Die prekären, teils inhumanen Arbeitswelten Leipzigs erscheinen dabei als hinnehmbares Übel gegenüber den sich bietenden Möglichkeiten der Selbsterprobung und des Eintauchens in (selbstorganisierte) Wohn- und Clubkultur, oder allgemeiner: der Attraktivität der Stadt. Andererseits bietet Leipzig für gerade jene mit „fragmentierten" Biographien einen Schutzraum für angst- und (leidlich) repressionslosen Transferbezug. Im Gegensatz zu den beliebten Boomstädten Westdeutschlands, aber auch den in den Normen der Vergangenheit gefangenen Klein- und Mittelstädten des Ostens ist der Bezug von Hartz IV selbst unter AkademikerInnen kein Tabu, sondern gehört eher noch zum guten Ton. „[A] bill

that is paid by somebody else"[8] scheint der Hintergrund und die Basis für jenen anstrengungslos anmutenden „Zeitwohlstand" der Subjekte innerhalb der Transferökonomie Leipzigs zu sein. Wenngleich in dieser Art selten zum Ausdruck gebracht, konnte sich die Suggestion entwickeln, dass in Leipzig zumindest eine Zeit lang „die Gesetzmäßigkeiten des Kapitalismus auf irgendeine wunderbare Weise ausgehebelt sind"[9]. Tatsächlich spricht vieles dafür, dass die empfundene Attraktivität der Stadt etwas mit den Subventionen, Transfers und wohlfahrtsstaatlichen Aufwendungen[10] zu tun hat, die aufgrund des politisch gesteuerten Umverteilungssystems seit 1990 insbesondere nach Ostdeutschland gelenkt werden. Gleichzeitig sind jene Transfers keine selbstlose Tat der „Geberländer" oder gar der Vorschein einer irgend gearteten „Post-Arbeitsgesellschaft", sondern stellen vielmehr die Grundlage für eine neuerliche Runde von Inwertsetzungen dar. Es zeigt sich allmählich, dass gerade eine Stadt wie Leipzig mit einer großen Anzahl von Hartz IV-EmpfängerInnen und AufstockerInnen im Spannungsfeld mit einer lebensreformerischen Subkultur durchaus zu einem Labor für Responsibilierungsstrategien und neue Arbeitswelten werden kann, in denen Ausbeutung sprichwörtlich unsichtbar zu werden vermag. Aus ökonomischer Perspektive könnte sich daher die Konzentrationsbewegung der Subjekte als „sich neu herausbildende[] Raumorganisation der Wissensökonomie"[11] erweisen, in deren Netzwerken jene die Bedingungen für Reproduktion und Subsistenz finden.

Unterschlagen werden soll nicht das subjektive Moment jener Sehnsucht. Nachdem das Dresdner Imago der Weltoffenheit durch PEgIdA ins Nichts explodierte, ist Leipzig zum einzig verbliebenen Elysium nichtrechter Jugendlicher in Ostdeutschland geworden. Gleichzeitig verdeutlichte sich in den neonazistischen riots von Freital und Heidenau 2015, welche gewaltige räumliche Polarisierung sich in Ostdeutschland zuträgt: Die paradiesischen zivilisatorischen Zustände in Leipzig sind das Gegenstück zu einer immer weiter um sich greifenden Verwilderung in den nur wenige Kilometer entfernten Peripherien. Nicht nur Zufluchtsort, sondern

auch Spielfeld von Selbsterprobung ist Leipzig für viele junge Menschen insbesondere aus westdeutschen Städten, in denen das Versprechen von Partizipation und urbaner Aneignung an Bodenpreisen und der mentalen Lohnarbeitsorientierung ihrer Mitmenschen gebrochen wird. In Leipzig finden sie einen Ort zum Untertauchen und zum Ausprobieren all jener konkreten Praxen, die in anderen Städten blanke Theorie sind: Urbanes Gärtnern, Selbstausbau und Leben in Hausprojekten bzw. szenekonformen Hausgemeinschaften, deejaying in selbstgestalteten offspaces, Bauen, Werkeln und Tüfteln in Kooperativen, fablabs und Selbsthilfewerkstätten: Selten wurden so viele junge Menschen in den Strudel einer alternativen Subjektivierung hineingerissen wie dieser Tage in Leipzig.

Bleibt die Frage, ob aus dieser Konzentrationsbewegung mehr wird als lebensreformerische Experimente, die gesellschaftliche Zumutungen auf privatistisch-kollektiver Ebene zu lösen trachten und ein leidlich schönes Leben für die happy few sicherstellen. Oder: ob aus dem komplexen Zusammenspiel von gesellschaftskritischer Praxis und auf ebenjene Praxis sich beziehender, selbstbesonnener Kritik die wirkliche Bewegung entstehen könnte.

ANMERKUNGEN

[1]Die Aussage stammt aus einer Dokumentation des audiowalks „Sehnsucht Eisenbahnstraße" von Diana Wesser, in dem eine Finja wiedergibt, warum sie innerhalb Leipzigs von Connewitz in die Eisenbahnstraße gezogen ist (Plaisier 2015).

[2]Steets 2008, 21.

[3]vision bakery 2015.

[4]Vgl. Kloss 1999.

[5]Stadt Leipzig 2004, 8.

[6]Vgl. Abel 2015.

[7]Ebd.: 17.

[8]Bernt 2009, 765.

[9]Waltz 2014, 6.

[10]Vgl. Rink 2014, 19.

[11]Holm 2012, 245.

LITERATURVERZEICHNIS

Abel, Falk 2015: Lebensstile von Um- und Zuzüglern. In: Stadt Leipzig, Amt für Statistik und Wahlen (Hrsg.): Statistischer Quartalsbericht I/2015, 14 17. URL: http://www.leipzig.de/fileadmin/mediendatenbank/leipzig-de/Stadt/02.1_Dez1_Allgemeine_Verwaltung/12_Statistik_und_Wahlen/Statistik/Statistischer_Quartalsbericht_Leipzig_2015_1.pdf (abgerufen am 20.8.2015).

Bernt, Matthias 2009: Partnerships for Demolition: The Governance of Urban Renewal in East Germany's Shrinking Cities. In: International Journal of Urban and Regional Research 33 (3): 754769.

Holm, Andrej 2012: Paradoxien und Begleiterscheinungen der Reurbanisierung. In: Brake, Klaus; Günther Herfert (Hg.): Reurbanisierung. Materialität und Diskurs in Deutschland. Wiesbaden: Springer VS: 239256.

Kloss, Oliver: Macht Arbeit frei? Ein Versuch über den Wert der Erwerbsarbeit. In: Bernd Gehrke/ Wolfgang Rüddenklau (Hrsg.): Das war doch nicht unsere Alternative. Westfälisches Dampfboot, Münster, 1999, S. 362–383.

Plaisier, Detlef M. 2015: Sehnsucht Eisenbahnstraße: Der ganz persönliche Audiowalk von Diana Wesser. URL: http://leipzigdiscovery.com/2015/07/11/sehnsuchteisenbahnstrassederganzpersoenliche-audiowalkvondianawesser/ (abgerufen am 25.8.2015).

Rink, Dieter 2014: Auferstanden aus Ruinen. In: Kreuzer. Das Leipziger Stadtmagazin: 1820.

Stadt Leipzig, Dezernat Stadtentwicklung und Bau 2004: Leipzig 2030. Forschungsbericht im Rahmen des Ideenwettbewerbs Stadt 2030. Leipzig: Selbstverlag.

vision bakery 2015: KulturCafé im Leipziger Osten. URL: http://www.visionbakery.com/KulturCafeLeipzigOst (abgerufen am 21.8.2015).

Waltz, Manuel 2014: Leipzig im Aufwind. Eine Stadt zwischen Hype und Verdrängung. Manuskript einer Sendung von SWR2 Wissen. URL: http://www.swr.de//id=13920358/property=download/nid=660374/14mm5ph/swr2wissen20140909.pdf (abgerufen am 27.8.2015).

STRATEGIEN DES ZUSCHAUENS

„Dies ist meine Nachbarschaft. Mein Stadtgrau, meine Betontauben, meine Verrückten, Obdachlosen, Türsteher, Dönerbuden, Videoläden, Nagelstudios. Mein Vorort inmitten in der Stadt. Meine Matrix. Meine Wirklichkeit.

Im Strom der Menschen, die ins Herz der Stadt eilen und wieder hinaus, bin ich ziellos, ein Beobachterin des hin und her. Meine Scheibenwischerblicke verfolgen die Lücken und Löcher zwischen Passanten, aus denen Begegnungen werden könnten. (...)

Die Menschen beobachten mich. Bin ich ihre Nachbarschaft? Passe ich nicht in ihre Wirklichkeit? Mache ich ihnen Sorgen?

Ein junger Mann mit grauem Sweatshirt fotografiert die Nummernschilder von Autos. Nein, er tut nur so, in Wirklichkeit fotografiert er mich. Warum? Meine Paranoia steigt. (...)

Auch die Menschen werden berührt. Schöne, Alte und Junge nutzen die Straße für eine kleine Nachmittagsperformance. Der Corso des Sehens und Gesehen-Werdens macht sie real. Sie streifen ihre Vormittagshäute aus Unsicherheit und Misstrauen ab. Man beäugt sich nicht mehr, man möchte beäugt werden. Federn und Geschichten werden zur Schau gestellt und verwoben."

(Auszug aus der schriftlichen Beobachtung von M. Thieme, Schriftstellerin)

Wo genau beginnt der Raum des Theaters? Können auch Abläufe oder Situationen im alltäglichen Leben als theatrale Vorgänge wahrgenommen werden? Könnte man eine Inszenierung allein darauf reduzieren, dass es ein bewusstes Zuschauen gibt?
Mit meiner soziologisch-künstlerischen Feldforschung „Strategien des Zuschauens" untersuche ich seit 2013 die Stadt unter diesen Aspekten und entwickle daraus eine Performance: Eine von mir ausgewählte Straße wird zur imaginären Bühne, zu einem Beobachtungsfeld. Es mischen sich inszenierte Handlungen mit dem alltäglichen Geschehen auf dieser Straße. Was inszeniert ist und was nicht, muss der Zuschauer für sich selbst entscheiden. Es ist ein Spiel mit der subjektiven Wahrnehmung. „Strategien des Zuschauens" soll einladen, Zeichen und Codes der Stadt bewusst wahrzunehmen und gleichzeitig zu hinterfragen oder weiterzudenken.

Eine Frau geht in ein Geschäft und als sie wieder herauskommt, trägt sie eine andere Kleidung. Ein Mann putzt eine Bushaltestelle liebevoll wie sein eigenes Wohnzimmer. Eine Gruppe von Menschen veranstaltet einen „Parking Day", während eine Critical Mass die Strasse entlangradelt. Auf der „Bühne" vermischen sich somit inszenierte PerformerInnen, beobachtende ZuschauerInnen und uneingeweihte PassantInnen, die alle zu MitproduzentInnen der Performance werden.

Für die Inszenierung in Gießen hatte ich, bewaffnet mit Flyern und Infoblättern, zwei Hochhäuser durchgeklingelt, um die Bewohner zu einem Flashmob zu motivieren. Die Idee war, dass alle BewohnerInnen des Hauses zur gleichen Zeit aus dem Fenster schauen sollten. Als netten Nebeneffekt lernte ich dadurch die unterschiedlichsten Menschen kennen, die mich mal interessiert und mal eher skeptisch beäugten. Meist klingeln ja eher Vertreter einer Staubsaugerfirma oder die Zeugen Jehovas an der Türe. Mich und meine Performance als seriöse Angelegenheit zu verkaufen war das Ziel der Stunde. Es fängt ja schon dabei an, dass viele unter „Theater" ein „richtiges" Theaterstück mit Text, Bühne, Kostüm und SchauspielerInnen verstehen. Dass meine Performance weder mit richtigen SchauspielerInnen, noch mit einer Bühne arbeitet, war nicht immer einfach zu vermitteln. Wie soll man erklären, dass das Theater, das stattfinden wird, quasi unsichtbar ist?

„Vollgepackt mit Einkäufen vom Penny schiebe ich mein Fahrrad durch die Karlstrasse.
Auf meinem Gepäckträger habe ich Küchen-, Klopapier, Hamsterstreu und einen Sack voll Erde.
Gleich zu Anfang wird mir entgegengerufen: „Die gehört doch zur Performance!" Nach einem kurzen
Überraschungsmoment überhöre ich den Kommentar. Maria, die dabei steht, ist trotzdem gleich
sehr hilfsbereit, als mir kurz darauf alles von meinem Gepäckträger fällt. Ein Beobachter der Szene
schließt sich an und trägt kurzentschlossen die andere Hälfte.
Bevor wir an der Mathystraße ankommen,
fällt mir auf, dass ich Waschmittel vergessen habe und
meine entschuldigend zu den Beiden, dass ich zurück müsse, um dies noch einzukaufen. (...)
Eine Frau mit rotem Hut und drei Flyern in der Hand spricht mich an:
Wo hier eine Performance stattfände?
Sie sei extra aus Norddeutschland angereist, doch ich weiß nicht, wovon sie redet.
Vor dem Pennymarkt geschieht das Unglück: Alle Sachen fallen mir vom Fahrrad und beim Einsammeln des Ganzen fallen mir auch noch Äpfel aus dem Rucksack. Eine ältere Dame bekundet ihr
Beileid: „Das tut mir so leid für Sie, das tut mir so leid, das ist mir auch schon passiert.
Sie schenkt mir eine robuste Plastiktüte.
Kurz darauf treffe ich eine Freundin, die mich fragt, ob ich bleibe und die Performance mit ihr anschauen würde, hier sei nämlich eine, leider muss ich ihr das Angebot abschlagen,
weil ich weiter muss."

(Auszug aus der schriftlichen Beobachtung der Mitspielerin E. Wetzel)

Doch das war genau der Arbeitsprozess, den ich im Rahmen des Projektes sehr interessant fand: Menschen, die eine ganz andere Auffassung oder einen anderen Zugang zu Kunst und Theater haben, meinen Blickwinkel anzubieten und darüber ins Gespräch zu kommen. Besonders erfreulich fand ich, wenn die Leute Feuer fingen und eigene Ideen mit einbrachten. So hatte ein Buchladen in Gießen die Idee, als performativen Akt eine lesende Person in das Schaufenster zu setzen. Zudem beklebten sie die Schaufenster mit großen Papierbahnen, auf denen beispielsweise PassantInnen das Buch aufschreiben konnten, welches sie auf eine einsame Insel mitnehmen würden – was zu einer regen Teilnahme führte. Oder der Dönerladen, dessen Terrasse wir zu einem schicken Restaurant umgestalteten. Wir statteten die Klapptische mit Tischdecken, Tellern, Besteck und Weingläsern aus. Die Frage hierbei ist für mich immer: Wie könnte das Straßenbild belebt und neue Entdeckungen möglich werden?

Für die Interventionen arbeite ich mit der Bildenden Künstlerin Elke Hennen zusammen. Sei es eine bunte Schildkrötenfamilie auf einer Verkehrsinsel, eine seltsame Wucherung aus dem Ampelmast oder gemusterte Sitzkissen auf Parkbänken. Mal offensichtlicher, mal subtiler, in jedem Falle möchten die Interventionen etwas Ungewöhnliches hervorbringen. Um ein Gefühl für den Ort zu entwickeln und sich inspirieren zu lassen, besuchen wir in unserer Recherchezeit mehrfach die ausgewählte Straße, notieren uns Auffälligkeiten (an welchen Orten ist die Straße belebt oder leer? Wie sind die Fenster dekoriert? Welche Objekte finden wir auf der Straße? Wo gibt es Lücken, Leerstellen, undefinierte Orte?, etc.). Zudem beobachteten wir die Menschen, die unterwegs sind: Halten sie sich gerne hier auf, verweilen sie sogar oder scheint die Straße vor allem ein Transit-Ort zu sein? Wer wohnt hier? Was tragen die PassantInnen bei sich? Wie verhalten sie sich, wenn sie an einer roten Ampel warten? Reagieren sie auf ein Lächeln?

„Zunächst erscheint die Unterscheidung einfach: Ein Mann mit einem großen Baum unter seinem Arm, eine Dame, die akribisch in ihr Notizbuch schreibt, eine Frau mit einer großen Pfanne in der Hand, ein junger Mann, der alles mit seinem Handy fotografiert. Diese Menschen müssen Teil der Inszenierung sein! Sie tragen ungewöhnliche Dinge; was sie auf der Straße tun erscheint unüblich. Es erscheint fiktiv, sie wollen eine Geschichte erzählen. Der Mensch, insbesondere der Soziologe, beobachtet und denkt in Kategorien und in sozialen Gruppen. Diese zunächst auffällig erscheinenden Menschen kategorisiere ich als "die Eingeweihten, die Dazugehörenden" ein. Außer die Dame, die herumläuft und alles notiert. Sie muss zu meiner Kategorie gehören. Sie ist auch eine Beobachterin. Ich treffe das zweite Mal auf eine junge Frau, die eine Spiegelreflexkamera dabei hat und wir lächeln uns wissend an. Dies empfinde ich als eine Erkennung, wir gehören ebenfalls zum Projekt, ich als beobachtende Soziologin und sie als Fotografin. Meine Beobachtung beginnt also mit einer Kategorisierung, die sich mit dem Fortschreiten der Zeit als immer schwieriger erweist. (...) Im Sinne Bourdieus befindet sich ein jeder Akteur in einem Feld, welches als Spielfeld betrachtet werden kann. In diesem Feld existieren verschiedene Positionen auf denen sich Akteure befindet können. Zwischen den Positionen gibt es gewisse Machtverhältnisse und Austragungen von Machtkämpfen. In der Grünberger Straße habe ich mich als Beobachter positioniert. Meine Position mangelte in sofern an Macht, dass mir das Wissen darüber, was inszeniert ist und was nicht, fehlte. Trotzdem hatte ich gegenüber anderen Akteuren im Spielfeld einen Vorteil, denn ich wusste zumindest, dass Inszenierungen stattfinden. Das vermeintliche Erkennen der Fotografin und der wissende Blickkontakt zeichnet das Machtverhältnis im Feld insofern aus, dass es ein durch Wissen ausgezeichnetes Überlegenheitsgefühl auslöst."

(Auszug aus der teilnehmenden Beobachtung von T. Rahimi, Soziologin)

KIOSK
Berliner Platz
TABAKWAREN

„Inmitten der Unsicherheit über die Einordnung des Wahrgenommenen wird Realität zu Kunst und das Absurde der Realität erhält eine ganz eigene Bühne.
Eine Bühne, vor der man nahezu unwillkürlich als emanzipierter Betrachter auftritt, da die individuellen Bewertungen, Grenzen und die eigene Wahrnehmung darüber entscheiden, was man sieht. (...)
Während Leben und Kunst bei „Strategien des Zuschauens" für einen Moment verschmelzen, wird man selbst zu einer freien Persönlichkeit in einer Gesellschaft, an der man aktiv teilnimmt und nicht passiv hinnimmt. Es ist der Schritt vom passiven zum emanzipierten Betrachter, oder der vom ökonomisch kontrollierten Individuum zum Mensch, der in kindlicher Freiheit den Moment ausschöpft. (...)
Die Regeln des Alltags werden außer Kraft gesetzt und der Betrachter kann durch diese Freiheit ganz andere Schlüsse aus der Umgebung ziehen.
Kunst ist also in der Lage, Pausen zu schaffen.
Pausen der Utopie, in denen Freiheit denkbar und fühlbar wird."

(Auszug aus der Magisterarbeit der Kunstwissenschaftlerin S. Meya: Konstruktive Unterbrechungen. Antidogmatische Kunst als gesellschaftliches Potenzial)

„Strategien des Zuschauens“ möchte einladen, nach den Geschichten auf der Straße, nach eingeschriebenen Gebrauchs- und Erinnerungsspuren zu suchen sowie neue Fährten zu legen. Es ist ein Täuschungsmanöver, in dem die Realität verdächtigt wird, Fiktion zu sein und andersrum. Es bedient sich der Ästhetik der Unsichtbarkeit, der Flüchtigkeit, der Verweigerung, da es nur temporär existiert, verdeckt agiert und niemals allumfassend rezipiert werden kann. Deswegen ist die Dokumentation immer eine Herausforderung. Ich probierte verschiedene Perspektiven für die filmische Dokumentation aus: Handyvideos, das Filmen aus einem Auto heraus oder von einem Dach hinunter, unterwegs sein mit einer ansteckbaren, „unsichtbaren“ Kamera, etc. Doch die Aufnahmen kamen natürlich nie dem gleich, was man als Zuschauer mit seiner physischen Präsenz beobachten und wahrnehmen konnte. Deswegen setzte ich zugleich schreibende DokumentaristInnen ein, die das Gesehene schriftlich festhalten sollten. Denn letztendlich geht es bei „Strategien des Zuschauens“ ja um die subjektive Wahrnehmung, das eigene Kopfkino, das entsteht. Ob KunstwissenschaftlerInnen, TheaterwissenschaftlerInnen, SchriftstellerInnen oder SoziologInnen, es geht mir darum, Menschen mit unterschiedlichen Blickwinkeln in die Dokumentation mit einzubeziehen.
„Strategien des Zuschauens“ ist in dem Sinne ein künstlerisches Forschungs- und Vermittlungslabor, welches vielseitige Formen der Zusammenarbeit ermöglichen möchte.

Wer Interesse an einer Zusammenarbeit hat, kann sich gerne unter mail@ineswuttke.de melden.

Mehr Informationen unter:
www.strategiendeszuschauens.de
www.facebook.com/strategiendeszuschauens

„Die Frau mit dem Bonsai-Bäumchen kommt zurück, diesmal jedoch mit zwei kleinen Kakteen in der Hand. Die Anspannung der Wahrnehmung weicht mit der Zeit einer entspannten Aufmerksamkeit für das Nebensächliche. Waren die Sinne bis dahin auf das Außergewöhnliche gerichtet, findet von nun an das „Gewöhnliche“ Beachtung. Ein an die Wand gelehntes Surfbrett weckt Assoziationen ferner Orte, die auf diese Weise in das Erleben der Straße miteinfließen. Dabei stellt sich die Frage was zum Mobiliar der Straße „dazu“ gehört. Ein kleines Grab im Grünstreifen an der Kreuzung, das vermutlich einer an dieser Stelle überfahrenen Schildkröte gewidmet ist. Requisite oder dauerhaftes Mahnmal für die Opfer des Straßenverkehrs an dieser vielbefahrenen Kreuzung?“

(Auszug aus der schriftlichen Beobachtung von Oliver Müller, Open Urban Institute)

„Aprilwetter mitten im Juni. Den ganzen Tag über schon immer wieder plötzlich heftige Schauer. Aber warm. Die Menschen auf der Karlstraße lassen sich nicht vom wechselhaften Wetter abschrecken. Ein Mann im Anzug fährt einhändig mit einem bunten Schirm in der Hand Fahrrad, während er mit seinem imaginären Geschäftspartner verhandelt. Die Cafés sind trotz Regen gut besucht. Ich weiß nicht ob es daran liegt, dass ich an einer Haltestelle sitze, aber es laufen erstaunlich viele Menschen mit Taschen und Koffern durch die Gegend. An einer Frau zähle ich drei Handtaschen. Die nächste Bahn kommt und ich zähle drei rote Taschen. Zwei Jungs joggen im Partnerlook an mir vorbei. (...) Ich setze mich in ein Eiscafe. Da laufen zwei Typen vorbei. Der vordere trägt eine gelbe Arbeitskleidung und der hintere einen Ganzkörper-Schutzanzug. Sie tragen einen Spiegel und unterhalten sich darüber, dass sie so angesehen werden. Plötzlich kommt das Mädchen mit den lavendel-farbenen Haaren (oder eher eine Perücke?) angerannt und steigt ein zweites Mal in die Bahn. Fährt sie die ganze Zeit im Kreis? Oder hat sie eine Doppelgängerin? Ich denke an die Jungs mit dem Spiegel. Definitiv waren die keine Handwerker. Kein Vergleich zu den Handwerkern die ich letzte Woche hier gesehen habe. Und dann der Ganzkörperanzug. Sicherlich wäre es ihnen auch egal, wie die Leute sie anstarren, wenn sie in ihrem Alltagstrott wären. Ne, die waren nicht sehr abgebrüht. „Wie die schauen!", habe sie gesagt. Tatsächlich haben sie recht. Wie viele Leute sind in der letzten Stunde an mir vorbeigelaufen und haben mich ganz intensiv angeschaut? So, als wäre irgendetwas völlig außergewöhnlich an mir. So, als wäre ich überhaupt nicht ich, sondern ich weiß nicht, vielleicht eher eine Art Zeichen für etwas anderes. Sie schauen nicht nur neugierig, sondern gierig, als wären sie auf der Suche nach irgendetwas, nach irgendeiner Information. (...) Eine Frau mit rosa kurzen Haaren, rosa Jacke, rosa Tasche fährt auf einem rosa Fahrrad vorbei. Dabei passt keiner der Rosatöne zueinander. Ich trinke meinen Eiskaffee aus und zahle."

(Auszug aus der schriftlichen Beobachtung von S. Weber, Kunstwissenschaftlerin)

KLEINMARKTHALLE

DIE MARKTHALLE.

EIN GEBÄUDETYP IM WANDEL DER ZEIT.

Will man die Entstehung von Markthallen verstehen, so lohnt eine Rückblende auf die Genese der Verkaufsform des ortsgebundenen Marktes. Ein Blick in die Begriffsgeschichte zeigt, dass die ursprüngliche Bedeutung des Wortes „Markt", das eine Entlehnung vom lateinischen mercatus ist, jene wandernden Krämer bezeichnete, die in geregelten zeitlichen Rhythmen von Ort zu Ort zogen um ihre Waren feilzubieten. Mit der Ausweitung der Bedeutung auf den „ort und das treiben eines groszen handels im allgemeinen" erfährt der Begriff eine Konjunktur, bezeichnet er von nun an auch den Handel und öffentlichen Verkauf „wie man ihn jederzeit schlieszen kann"[1]. Damit fällt zweierlei in seinen Bedeutungshof; zum einen der locus, der eigens für die Abhaltung von Märkten bestimmte Ort in der Stadt, sowie zum anderen das „Markt-Treiben" als Tätigkeit und Form öffentlichen Verkehrs. So wird der Markt im Grimm'schen Wörterbuch auch als „ort der grözten öffentlichkeit" bezeichnet, an dem man „die leute besser kennen [lernt] als im tempel."[2] Märkte waren stets Austausch- und Konzentrationspunkte städtischen Lebens; doch wie hat man sich diese Form des öffentlichen Verkehrs in Zeiten des individualisierten Discounterhandels vorzustellen?

Wenn man Charles Dickens' Schilderung der Situation auf dem Smithfield Market in London Glauben schenkt, müssen sich auf den Marktplätzen des ausgehenden 19. Jahrhunderts chaotische Szenen abgespielt haben. So merkt Dickens über den besagten Viehmarkt an, der Boden sei „blutgetränkt und knöcheltief mit stinkendem Unrat bedeckt, übelriechender Dunst aus den offenen Leibern der zuvor getöteten Tiere erfüllte die gesamte Gegend, [. . .] schmutzige und verwahrloste Gestalten liefen lauthals schreiend umher [. . .] und all das verwirrte die Sinne."[3]

In Deutschland stellte sich die Situation grundsätzlich nicht anders dar, wenngleich keine derart drastischen Beschreibungen des Markttreibens bekannt sind. In Goethes Mephisto bieten die

FRANZ BURKARD
Seligenstadt Mauerstr. 2
Preise für lebende Fluß-Fische
T. 06182/21614 je kg
Forelle
Forelle geräuchert
Aal
Lachsforelle
Karpfen
Hecht
Schleie
Bressen
Hassel
Barsch

Eindrücke des Frankfurter Marktlebens zumindest Anlass, sich dieser mit angewidertem Spott zu erwehren: „Im Kerne Bürger-Nahrungs-Graus, Krummenge Gäßchen, spitze Giebeln. Beschränkten Markt, Kohl, Rüben, Zwiebeln, Fleischbänke, wo die Schmeißen – hausen, die fetten Braten anschmausen, da findest du zu jeder Zeit Gewiß Gestank und Tätigkeit."[4] Und auch in Berlin liegen um 1880 noch „die blutigen Hammelfelle auf dem Dönhoff-Platz umher, [. . .] sitzt die Fischfrau hinter der hölzernen Tine unter dem freien Himmel des Gendarmenmarktes"[5].

Dass die Errichtung von Markthallen gegen Ende des 19. Jahrhunderts in vielen europäischen Städten zur öffentlichen Bauaufgabe erklärt wurde, lässt sich nicht allein aus dem ausufernden Marktbetrieb und den damit einhergehenden ‚Belastungen' des öffentlichen Raums erklären. Vielmehr ist sie Resultat einer Gemengelage von Überlegungen, die Sauberkeit, Hygiene und Sicherheit im öffentlichen Raum ebenso betrafen, wie das Bedürfnis, die Nahrungsmittelversorgung in Zeiten raschen Bevölkerungswachstums in einer sich zunehmend urbanisierenden Gesellschaft zu rationalisieren und zu kontrollieren. Zum einen bot die Verlagerung ins Innere der Hallen einen Schutz der Waren und Passanten vor Witterung und sich intensivierendem Straßenverkehr, zum anderen konnte die Verschmutzung der öffentlichen Straßen und Plätze durch Marktabfälle und dergleichen eingedämmt werden. Zu den Vorzügen der ersten überdachten Warengalerien in Paris, den Vorläufern des modernen Warenhauses, schrieb François Thiollet 1837: „Dort, vor der winterlichen Kälte, der sommerlichen Hitze, dem Regen und dem Unrat sämtlicher Jahreszeiten, aber auch vor zahllosen Unfällen geschützt, die den Spaziergänger in den belebten Straßen bedrohen, kann er in Sicherheit seine Einkäufe besorgen"[6].

Daneben war die Kontrolle des Nahrungsmittelhandels durch seine Zentralisierung ein ebenso bedeutsamer, wenn nicht sogar ausschlaggebenderer Grund, den Übergang von zerstreuten offenen Märkten hin zu zentralisierten Markthallen zu forcieren. Die räumliche Konzentration der Händler sollte, so die Überlegung, die Kontrolle der Bevölkerung, ebenso wie die der angebotenen Waren begünstigen.

Damit hatten die seit der Mitte des 19. Jahrhunderts errichteten Markthallen eine Doppelfunktion zu erfüllen: Auf der einen Seite mussten sie das ordnungspolitische „Bild von Wohlstand und guter Policey"[7] zur Anschauung bringen, und auf der anderen Seite in ihrer Zweckmäßigkeit eine ausreichende Versorgung mit Licht, Luft und Sauberkeit gewährleisten.

Wenngleich durch die Errichtung der ersten Markthallen und mit dem eingeführten „Hallenzwang" für Händler keine grundlegende Veränderung der Versorgungs- und Einkaufsstrukturen erzwungen werden konnte – fliegende Händler und Einkaufsläden erfreuten sich zunehmender Beliebtheit – zeugten die neu errichteten Markthallen dennoch vom (stadt-)politischen Glauben an technischen Fortschritt und Rationalität. Der Bautyp der Markthalle entsprach dem Zeitgeist fortschreitender Rationalisierung in der Stadtplanung, war geradezu en vogue, und so maß sich die Bedeutung der Markthallen für die Stadt weniger an ihrem ökonomischen Erfolg, als an dem ihnen zugrundeliegendem innovativen Potenzial – insbesondere der Neuheit und dem Reichtum der verwendeten Materialien, allen voran Eisen und Glas.

Von ihrer angedachten umfassenden Versorgungsaufgabe befreit, entwickelten sich manche Markthallen zu Orten des Flanierens, dem zwecklosen Umherschweifen, ähnlich den von Walter Benjamin beschriebenen überdachten Ladenpassagen im Paris des 19. Jahrhunderts, über die es bei Jean-Michel Palmier heißt: „So ist die Passage nicht bloß eine Ladengalerie – auch wenn gerade dies ihren Aufschwung beförderte –, sondern ein vollständig ausgefüllter Raum, der in die Welt der Schaufenster auch Cafés, Restaurants, Wechselstuben und Attraktionen einbezieht. Sie wird zu einem Modephänomen, was Architektur und Lebensstil angeht, einem mondänen Ort der Flanerie und des Vergnügens, wo man das Schauspiel der schönen Dinge genießt und sich selbst als Flaneur zum Schauspiel macht."[8] Obschon die Erbauung von Markthallen einer anderen Logik entsprach als jene der Errichtung von Passagen, kam in ihnen dennoch das gleiche Moment städtischen Lebens zum Tragen. In den neu geschaffenen kollektiven Binnenräumen der Stadt war es zum ersten Mal möglich, die Stadt, bzw. das städtische Leben abseits der Unbilden des

This is not

Reinigungsbeck

LAGE

öffentlichen Raums zu ‚genießen', ja in gewisser Weise zu ‚konsumieren'. So war es neben der Schaffung wetterunabhängiger Räume dann auch eine Funktion von Markthallen, diese neue intellektuelle wie sinnliche Lust auf Stadt zu befriedigen. Es verwundert nicht, dass z.B. der New Hungerford Market in London in den Augen der Investoren nicht allein als „Einkaufsstätte, sondern ebenso sehr als ein Ort geselligen Vergnügens attraktiv sein und Gelegenheit bieten [sollte], sich unbekümmert der Schaulust hinzugeben"[9]. Dies hatte auch Rückwirkungen auf die architektonische Gestaltung der Markthallen, denn in der Opulenz des Bauschmuckes sollte sich die Fülle und Vielfalt des Warenangebots im Inneren der Halle widerspiegeln. Umliegende Arkaden und überdachte Säulengänge in den höheren Geschossen, die einzig den Flanierenden vorbehalten waren, boten Raum für den Aufenthalt in sicherer Distanz zum Marktgeschehen.

In diesem Sinne waren Markthallen nicht nur Räume profanen Konsums, sondern mythologische Orte, gleich einer Bühne, auf denen Wohlstand und technischer Fortschritt einer Nation als Dauererlebnis in Szene gesetzt wurden. Hinweise auf die Eindrucksfülle einer Markthalle um die Jahrhundertwende liefert Walter Benjamin in seinen Erinnerungen an eine „Berliner Kindheit um neunzehnhundert". Dort schreibt er über seine Besuche in der Markthalle V auf dem Magdeburger Platz: „Hinter Drahtverschlägen [. . .] thronten die schwerbeweglichen Weiber, Priesterinnen der käuflichen Ceres, Marktweiber aller Feld- und Baumfrüchte, aller eßbaren Vögel, Fische und Säuger [. . .] Brodelte, quoll und schwoll es nicht unterm Saum ihrer Röcke, war nicht dies der wahrhaft fruchtbare Boden? Warf nicht in ihren Schoß ein Marktgott selber die Ware: Beeren, Schaltiere, Pilze, Klumpen von Fleisch und Kohl". In dieser mythengleichen Anrufung des Gesehenen, Gerochenen und Gehörten scheint in den Fruchtbarkeitsmetaphern Benjamins die Unerklärbarkeit des Warenreichtums in den Augen des Kindes auf; die Markthalle wird zum Sinnbild eines sich naturhaft vermehrenden Warenangebots.

Auch in Frankfurt am Main kam man gegen Ende des 19. Jahrhunderts zur Ansicht, dass ein offener Marktplatz für eine Stadt vom Format Frankfurts einen unhaltbaren Zustand bedeuten würde. Das lässt sich der Festschrift „50 Jahre Markthalle 1" entnehmen, die anlässlich der Neueröffnung nach abgeschlossener Renovierung der Markthalle 1 von der „Interessengemeinschaft der Standinhaber in der Kleinmarkthalle I in der Hasengasse" im Jahr 1929 herausgegeben wurde.[10]

Die nach dem Vorbild der Brüsseler Markthalle gestaltete Markthalle 1 wurde ebenfalls als verglaste Eisenkonstruktion mit steinernen Eckrisaliten im Stil der Neorenaissance ausgeführt. Allerdings gelangte die erste große Markthalle Deutschlands nur wenige Jahre nach der Einweihung an ihre Kapazitätsgrenzen, so dass der Verkauf wieder in kleinere Dependancen in der Umgebung verlagert wurde. Die Fertigstellung der von Martin Elsaesser entworfenen Großmarkthalle im Jahr 1928, dem heutigen Sitz der Europäischen Zentralbank, sorgte zwar für die nötige Entflechtung des Groß- und Einzelhandels; erforderte jedoch die Umgestaltung der am 10. Februar 1879 ehemals als „Großmarkthalle" eröffneten Markthalle 1. Fortan diente der Bau an der Hasengasse bis zu seiner Zerstörung im Jahr 1944 als Kleinmarkthalle und wurde anschließend bis zu seinem endgültigen Abbruch als Provisorium genutzt.

Heute steht der Neubau der Frankfurter Kleinmarkthalle ca. 200 Meter vom alten Standort entfernt in nahezu unverändertem Gewand. Eine Tatsache, die ihr im Jahr 2005 beinahe den Garaus gemacht hätte, als der damalige Frankfurter Planungsdezernent dem nicht gerade als architektonischen Juwel gefeierten Zweckbau die Zukunftstauglichkeit abgesprochen hatte. Was bei der „Hall" an äußerlichem Wandel ausgeblieben ist, hat sich seit der Neueröffnung im Jahr 1954 in ihrem Inneren vollzogen. In ihrer Entwicklung vom überdachten Wochenmarkt über den „ethnischen Nischenmarkt"[11] bis hin zum hochpreisigen kulinarischen Kleinod, hat die Kleinmarkthalle ein beständiges Kommen und Gehen von Waren, Händlern und Klientel erlebt. Seitdem leistet dieser Ort durch seine Atmosphäre des Besonderen auch die Veredelung der profansten Lebensmittel – man denke an Frau Schreiber und ihren Wurststand. Dass die Bedeutung des Gebäudes keine starke Verankerung im Bewusstsein der breiten Bevölkerung erfahren hat, mag an der ‚versteckten' Lage des nüchternen Zweckbaus im Stil des 1950er-Jahre-Funktionalismus liegen. Allerdings hat die Besonderheit des sich dort heraus-

gebildeten Milieus die Aufmerksamkeit der Denkmalpflege auf sich gezogen, und so unterliegt die Kleinmarkthalle seit dem Jahr 2000 dem Denkmalschutz. Inzwischen vernimmt man unisono: Gebäude wie Milieu sind unbedingt erhaltenswert, leistet die Kleinmarkthalle doch aufgrund ihrer „großstädtischen Atmosphäre"[12] einen integralen Bestandteil zu einer vielfältigen Stadtkultur. Am Erhalt und der Konstruktion der Kleinmarkthalle als einem Ort des atmosphärisch Besonderen arbeiten eine Vielzahl von Akteuren aus Denkmalpflege, Interessensverbänden und nicht zuletzt die Händler und Händlerinnen selbst mit ihrem ästhetischen Wissen der Warenpräsentation mit. So wird in einem Reiseführer des „ungewöhnlichen" Frankfurt der Besuch der Kleinmarkthalle als „Eldorado für die Sinne" beschworen: „Schon auf den ersten Schritten wird man förmlich hineingesogen in das bunte Treiben, das von den vielfältigen Marktständen ausgeht. Vertraute und exotische Düfte bezaubern die Nase und locken den Besucher auf eine Erlebnisreise ins Innere."[13]

Und so hat die Kleinmarkthalle, auch aufgrund ihrer neu gewonnenen Anziehungskraft auf Besucher und Besucherinnen von Nah und Fern, allen Umbau- und Sanierungsplänen zum Trotz den Sprung in das 21. Jahrhundert gemeistert. Zugegeben: eine gehörige Prise Folklorismus gehört in Zeiten global organisierter Warenketten und industrieller Nahrungsmittelproduktion dazu, diesen Zusammenhang beim Eintritt in die Markthalle vergessen zu machen. Davon zeugt das Mantra der „Erhaltung angestammter Lebensräume und guter Handwerkstraditionen", das zuletzt anlässlich des 60-jährigen Bestehens der Markthalle ausgegeben wurde[14]. Aber diese Verortung ist eben auch eine Leistung dieses Gebäudes, in dessen besonderer Atmosphäre ein Bedeutungsgemisch aus Heimat, Tradition und Gemeinschaft überdauert. Allein das macht diesen Ort so besonders.

FUSSNOTEN

[1] Grimm, Jacob/Grimm, Wilhelm: Deutsches Wörterbuch, Bd. 12, Leipzig 1905, Sp. 1647.

[2] Ebd., Sp. 1649.

[3] Charles Dickens zitiert bei Mende, Michael: Markthallen. Eine Architekturgeschichte, in: Manfred Hamm/Michael Mende (Hg.), Markthallen, Berlin 2008, S. 7-39, hier S. 21.

[4] Hucke, Johannes: 60 Jahre Kleinmarkthalle. Geschichte mit Geschichten, Frankfurt/Main 2014, hier S. 14.

[5] Spiekermann, Uwe: Basis der Konsumgesellschaft. Entstehung und Entwicklung des modernen Kleinhandels in Deutschland 1850-1914, München 1999, hier S. 175.

[6] François Thiollet zitiert bei Palmier, Jean-Michel: Walter Benjamin: Lumpensammler, Engel und bucklicht Männlein: Ästhetik und Politik bei Walter Benjamin, Übersetzung von Horst Brühmann, Frankfurt/Main 2009, S. 1227.

[7] Mende: Markthallen, S. 21.

[8] Palmier: Walter Benjamin, S. 1235.

[9] Mende: Markthallen, S. 25.

[10] Vgl. Göttig, Willy Werner: Zur Geschichte des Baues der Markthalle 1 in der Hasengasse, in: 50 Jahre Markthalle 1, Frankfurt/Main 1929, S. 6-16, hier S. 6.

[11] Danz, Juliane/Pop, Michael: von der ethno-nische zum weltstadtmarkt? In: Regina Römhild/Sven Bergmann (Hg.), global heimat, S. 57-74, hier S. 70.

[12] Liebenwein, Renate: Aura und Milieu, in Anneliese vom 22.05.2006, S. 1.

[13] Köstering Bernd/Thee, Ralf: Ein Eldorado für die Sinne. Kleinmarkthalle, in: Dies. (Hg.), Von Bänken und Banken in Frankfurt am Main. Eine ungewöhnliche Entdeckungstour, Meßkirch 2013, S. 35.

[14] Hucke: 60 Jahre Kleinmarkthalle, S. 92.

LITERATUR

Benjamin, Walter: Berliner Kindheit um neunzehnhundert, zuletzt aufgerufen am 08.12.2015, http://gutenberg.spiegel.de/buch/berliner-kindheit-um-neunzehnhundert-6571/2

Danz, Juliane/Pop, Michael: von der ethno-nische zum weltstadtmarkt? In: Regina Römhild/Sven Bergmann (Hg.), global heimat, S. 57-74.

Göttig, Willy Werner: Zur Geschichte des Baues der Markthalle 1 in der Hasengasse, in: 50 Jahre Markthalle 1, Frankfurt/Main 1929, S. 6-16.

Grimm, Jacob/Grimm, Wilhelm: Deutsches Wörterbuch, Bd. 12, Leipzig 1905.

Hucke, Johannes: 60 Jahre Kleinmarkthalle. Geschichte mit Geschichten, Frankfurt/Main 2014.

Köstering, Bernd/Thee, Ralf: Ein Eldorado für die Sinne. Kleinmarkthalle, in: Dies. (Hg.), Von Bänken und Banken in Frankfurt am Main. Eine ungewöhnliche Entdeckungstour, Meßkirch 2013.

Liebenwein, Renate: Aura und Milieu, in Anneliese vom 22.05.2006, S. 1.

Mende, Michael: Markthallen. Eine Architekturgeschichte, in: Manfred Hamm/Michael Mende (Hg.), Markthallen, Berlin 2008, S. 7-39, hier S. 21.

Palmier, Jean-Michel: Walter Benjamin: Lumpensammler, Engel und bucklicht Männlein: Ästhetik und Politik bei Walter Benjamin, Übersetzung von Horst Brühmann, Frankfurt/Main 2009.

Spiekermann, Uwe: Basis der Konsumgesellschaft. Entstehung und Entwicklung des modernen Kleinhandels in Deutschland 1850-1914, München 1999.

ANMERKUNG

Die Fotoreihe entstand während eines 9-monatigen ethnographischen Aufenthalts des Autors in der Frankfurter Kleinmarkthalle und dokumentiert den Arbeitsalltag in einer der wenigen sich im Betrieb befindenden Markthallen Deutschlands. Sie bietet zudem einen Blick „hinter die Kulissen" des Marktbetriebs und schlägt eine alternative Sicht der Dinge vor. In diesem Sinne ist sie eher als Ergänzung zum, denn als Illustration des Geschriebenen zu verstehen.

VOM BAUM INS GERIPPTE

Ganz klar: Hut ab vor jedem, der eine neue Idee auf den Markt bringt, der Zeit, Geld und jede Menge Überzeugungsarbeit investiert, um einen Traum zu verwirklichen. Sei es das eigene Café, eine kleine Manufaktur oder ein spannendes Projekt - ich finde es großartig, wenn aus Wünschen Wirklichkeit wird und wenn das Ganze am Ende auch läuft. Mittels Crowdfunding und zahlreichen Ausschreibungen für Gründer lässt sich so manche Idee umsetzen. Werbung und Publicity sind dabei natürlich unersetzlich. Und dennoch, schnell macht sich dann ein schales Gefühl breit, nämlich dann, wenn ein Hype den nächsten jagt. Erst die Foodtrucks, die mittlerweile ein eigenes Festival bespielen wie seinerzeit junge Indierocker. Dann kam das Craftbeer, eine hochwertige und handgemachte Alternative zum Bier bekannter Marken. Irgendwo dazwischen trank man am liebsten edlen Gin - natürlich in einer heimeligen Destille im Schwarzwälder Hinterland oder dem Spessart hergestellt, von Hand in Flaschen gefüllt, mit Liebe das Etikett aufgeklebt... Nicht, dass wir uns falsch verstehen, es ist toll, wenn ein neues Bewusstsein für hochwertige Lebensmittel geschaffen wird. Und ich wäre die Letzte, die nicht gern etwas Neues probiert. Ich gebe mein Geld auch lieber bei einem jungen Brauer mit frischen Ideen aus, als mich in der Scheinwelt der Supermarktvielfalt doch wieder nur für eine weitere Biersorte eines Großkonzerns zu entscheiden. Doch was mich ehrlich nervt, ist der Hype. Gutes Bier ist eine feine Sache. Punkt. Egal, ob gerade Aperol Spritz angesagt ist oder dem Craftbeer-Trend nachgegangen wird. Lifestyle meets tradition. Ist es das, was die aktuellen Trends befeuert? Wie wäre es, den Lifestyle einfach mal zu ignorieren und sich auf solides Handwerk zu besinnen? Und was läge da näher, als sich mit dem Frankfurter Urgetränk, dem Apfelwein zu befassen? Nun mag der eine oder andere einwenden: "Alles albern, auch alles nur große Unternehmen. Die kaufe die Äppel von ganz weit weg, gebbe Zucker dazu, pansche des Zeuch - so natürlich ist des alles noch lange net! Von Tradition keine Spur!" Nun ja - stimmt schon! Aber statt auf die großen Produzenten zu schimpfen, liegt es doch näher, sich mal mit dem Apfelwein an sich zu beschäftigen.

KRONE
Emsland

Ich sitze in einer urigen Frankfurter Kneipe und treffe mich mit einem Fachmann. Johannes wohnt in der Wetterau, arbeitet in einem Betrieb in Frankfurt und keltert zuhause selbst sein Stöffche. In deutlich größerem Ausmaß, zugegeben, als ich es je vorhätte. Mehrere hundert Liter waren es dieses Jahr, gemeinsam mit einem Kollegen. Johannes keltert seit drei Jahren selbst. Aber schon als Kind half er seinem Großvater und seinem Großonkel dabei. Mit dem Selbstgekelterten versorgt er seinen ganzen Freundeskreis. Und ich möchte wissen: Meinen eigenen Apfelwein herstellen - könnte ich das auch? Wie ich erfahre, gehört dazu weder eine komplizierte Ausrüstung, noch langwierig angeeignetes Know-how. Mit folgenden Schritten, erklärt mir Johannes, wird aus dem Apfel ein Schobbe:

Zuerst geht es ans Ernten der Äpfel. Klar. Wer keine eigenen Bäume hat, fragt einfach im Freundeskreis oder meldet sich bei den Besitzern der vielen Streuobstwiesen im Umland. Wer einen Garten hat, weiß: Oft hat man mehr Ertrag, als einem lieb ist. Im besten Fall macht ihr also jemandem sogar noch eine Freude, wenn ihr die Äpfel pflückt. Logisch ist dabei, dass das Wildern auf fremden Streuobstwiesen kein Kavaliersdelikt ist. Also immer erst die Erlaubnis des Besitzers einholen. Zum Pflücken rät Johannes zur Rütteltechnik: Mit einem langen Stab werden die Äste geschüttelt und die Äpfel dann vom Boden gesammelt. Dabei bilden sich Druckstellen, was aber für die Apfelweinproduktion gar kein Nachteil ist. Die Äpfel werden dann gewaschen - Johannes nutzt dazu ein großes Holzfass - und faule Äpfel aussortiert. Für den nächsten Schritt hat sich der Hobbykelterer eine Maschine organisiert, die die Äpfel mit rotierenden Blättern in kleine Stücke häckselt. Anfänger und Kleinproduzenten können die Äpfel auch von Hand raspeln. Johannes und seine tatkräftigen Freunde schlagen die zerkleinerten Äpfel dann in Siebstoff ein, die dazu in Rahmen liegen, der gleichmäßigen Form wegen. Mehrere solcher Pakete werden übereinander geschichtet, und die hydraulische Packpresse sorgt für den Druck - etwa 20 bis 30 Tonnen in diesem Fall. Der trübe Apfelsaft fließt aus den Schichten. In den nächsten Tagen entwickelt er sich vom "Süßen" zum "Rauscher" und bekommt ganz schnell schon die ersten Umdrehungen. Die Gerätschaften bekommt man gebraucht übers Netz oder Zeitungsanzeigen, da das Keltern von Hand heutzutage seltener praktiziert wird als früher. Wer bis jetzt vom Aufwand abgeschreckt wurde, für den hat Johannes einen Einsteiger-Tipp: Bei den lokalen Keltereien bekommt man den frischen Saft kanisterweise auch gegen Geld oder gegen frische Äpfel. Dann hat man zwar keinen "eigenen" Saft, kann sich aber trotzdem in der Apfelwein-Vergärung versuchen. Johannes hat mir eine Kostprobe der letzten Kelter-Aktion mitgebracht, und ich bin begeistert. Süß wie Karamell. Was waren das denn für Äpfel? Erstaunt erfahre ich, dass das Saft von Kelteräpfeln ist, die wegen ihres herben Geschmacks und dem eher trockenen Eindruck ungern gegessen werden und darum traditionsgemäß zu Saft und zu Apfelwein verarbeitet werden. Die haben dann tolle Namen wie "Grüner Bohnapfel" oder "Berliner Schafsnase". Heißt das, es eignet sich gar nicht jeder Apfel? Doch, meint Johannes, je nach Sorte erhält man ein anderes Geschmackserlebnis. Er keltert gern einen bunten Mix mit etwa 30% Speiseäpfeln, da ein sortenreiner Apfelwein gerne auch mal anstrengend schmeckt. Wie viel Zeit man für das Keltern einplanen muss, hängt natürlich von der Menge ab. Die Äpfel gemeinsam zu pflücken und am nächsten Tag zu pressen, bedeutet zwar einen gewissen Aufwand, aber dafür ist man das restliche Jahr mit einem feinen Feierabendgetränk versorgt. Johannes weiß aus Erfahrung, dass das Sammeln der Äpfel insgesamt am längsten dauert. Den trockenen Überrest, Trester genannt, kann man zum Düngen verwenden. Johannes füttert damit zuweilen auch die Schafe eines Freundes.

Der Saft wird nun in Gärballons oder Fässer abgefüllt und bei möglichst konstanter Temperatur gelagert. Johannes verwendet 60-Liter-Gefäße. Für den vorsichtigen Erst-Kelterer gibt es aber natürlich auch kleinere Kolben. Einige Wochen später besuche ich den Gewölbekeller, in dem Johannes sein Stöffche lagert. Auf jedem Gefäß steckt ein Gärverschluss, der das entstehende Kohlendioxid entweichen lässt, ohne dass Sauerstoff ins Innere gelangt. Sonst stünde hier schnell eine große Menge Apfelessig. Hier macht sich Johannes nun die Druckstellen der Äpfel zum Vorteil: Üblicherweise werden in den großen Betrieben Hefen als Gärhilfe zugegeben, nachdem der Apfelsaft so weit erhitzt wurde, dass die eigenen Hefen keinen Beitrag mehr leisten können. Muss ja auch so laufen - in Tanks mit mehreren tausend Litern Fassungsvermögen experimentiert

Apfelweinkuchen:

Für den Teig:

125 g Butter
100 g Zucker
250 g Mehl
1 Ei
1 Pck. Backpulver
1 Pck. Vanillezucker
1 Prise Salz

Für den Belag:

1,5 kg Äpfel
3/4 Liter Apfelwein
(gerne mehr, für den Bäcker)
200 g Zucker
1 Pck. Vanillezucker
2 Pck. Vanillepuddingpulver

Die Zutaten für den Teig miteinander verkneten. Die Äpfel entkernen und in kleine Stücke schneiden oder raspeln. Den Ofen auf 150°C Umluft vorheizen.

Das Puddingpulver mit 12 El des Apfelweins anrühren. Den restlichen Apfelwein aufkochen, die Puddingmasse unterrühren und mind. 1 Minute kochen. Die Apfelwürfel zugeben und kurz köcheln lassen.

Den Teig in eine gefettete Springform füllen und einen Rand formen. Den Apfelweinpudding darüber geben. Rein in den Ofen und 90 Minuten backen. Dabei ein Glas Apfelwein genießen.

Wer mag, serviert den Kuchen mit Schlagsahne und Zimt.

man nicht gern, und der Kunde erwartet ja auch einen konstanten Geschmack. Ist der industrielle Gärprozess nach einigen Wochen abgeschlossen, wird Schwefel zugesetzt, um den Prozess zu beenden. Schwefel, das klingt nach Kopfschmerz und Fusel. Johannes stimmt mir zu, das sei kein natürlicher Zusatz, und gesund schon gar nicht. Muss das denn sein? Ich erfahre, dass im Apfel selbst schon Hefen vorhanden sind, und gerade durch die Druckstellen gelangen mehr davon in den Saft. In den gefüllten Glaskolben können die Hefen nun also ihr Werk verrichten. Für Johannes' Methode reicht eine konstante Temperatur von etwa 18-20 °C, um den Gärprozess zu starten. Diese eher unkontrollierbare Gärung macht das Ganze natürlich spannend und sorgt für neue Geschmackseindrücke. Der Inhalt jedes Kolbens kann anders schmecken. Zu berücksichtigen ist der mit dem Gärprozess verbundene Geruch. Neben dem Bett sollte man seinen Apfelweinballon vielleicht doch nicht lagern. Wenn sich im Gärverschluss mit der Zeit weniger tut, sollten die Ballons in den kühlen Keller wandern. Mit der Zeit setzen die Hefen sich als Bodensatz ab, der - zugegeben - nicht so appetitlich aussieht. Auch auf der Oberfläche des Stöffches sieht es komisch aus, es hat sich ein trüber Film gebildet. Nach 3-4 Monaten saugt Johannes den klaren, jungen Apfelwein aus der Mitte des Kolbens ab und füllt ihn um. Dabei nimmt er wegen der trüben Rückstände einen Verlust von etwa 15% in Kauf. Der Ballon muss danach selbstverständlich gründlich gereinigt werden, damit man ihn im kommenden Jahr wiederverwenden kann.

Ich bemerke unterschiedliche Farben in den Kolben. Johannes erzählt, dass er bei so vielen Litern Apfelwein gerne mal experimentiert. Der Zusatz von Schlehe, Eberesche, Quitte oder dem polarisierenden Speierling gibt dem Bembelbräu ein gewisses Etwas. Dabei ist es egal, ob man die ganze Frucht oder ihren Saft beimischt. Wichtig, so Johannes, ist nur, den Eigengeschmack des Äpplers nicht zu überlagern. Zusätzlich zum Geschmack bietet die Säure des Speierlings auch eine längere Haltbarkeit des Stöffches. Johannes erzählt, dass gerade der eigene Speierling im Umfeld besonders gut ankommt. Und was schmeckt nun am Besten zum Selbstgekelterten? Die traditionelle Antwort lautet "Handkäs und gutes Brot", wobei Johannes noch ganz andere Ideen hat. Den Apfelweinkuchen nach Rezept seiner "Ersatz-Oma" sollte man sich nicht entgehen lassen.

Mein Fazit: Um selbst zu keltern braucht man vor allem einen passenden Raum, denn Temperaturschwankungen mag der reifende Äppler gar nicht. Hilfreich ist es, sich mit Gleichgesinnten zusammenzuschließen. Ausprobieren lohnt sich auf jeden Fall. Und man kann sich sicher sein: Was man da trinkt, ist Natur pur. Außer, man mixt den Äppler mit Cola, laut Johannes das einzige No-go. Vergleichbar mit dem guten Whiskey, den man auch nicht gerade mit Cola trinkt - gutes Handwerk sollte man schließlich würdigen. Wie auch beim Gin und beim Craftbeer. Nur ohne Hype.

Fotografie: Johannes / aru
Illustration: csi

JOSEF KRANZL
RINK

* Aus 100 kg Äpfeln können mit einer starken Hydraulikpresse 70-80 Liter Äppler gewonnen werden.

* Streng genommen ist Apfelwein nicht vegan. Würmer und Wespen in den Presspacken lassen sich leider nicht vermeiden. Der Hobbykelterer vermutet, dass bei industriellem Apfelwein auch die ein oder andere Maus… aber belassen wir es bei Spekulationen.

* Traditionell wird der neue Apfelwein am Martinstag (11.11.) probiert. Fertig ist er damit aber noch lange nicht. Der selbe Apfelwein wird zu Weihnachten deutlich anders schmecken und reift auch danach noch weiter.

* Mit Apfelwein lässt sich auch kochen. Ein Schuss zum Sauerkraut, oder den Wildbraten in Apfelwein-Honig-Senfmarinade einlegen, kann neue Geschmackserlebnisse hervorbringen.

* Frankfurt soll demnächst sein eigenes Apfelweinmuseum bekommen. Einziehen wird es, so der aktuelle Plan, in eines der rekonstruierten Häuser der Altstadt - Puppenstubencharme für ein Traditionsgetränk.

RAUM BEWEGUNGEN

WIE ICH SUBURBIA SUCHTE UND ETWAS ANDERES FAND

Wo fängt Stadt an? Wo hört der ländliche Raum auf? Gibt es Zwischen-Räume? - Ja, die gibt es. Doch sie sind nur schwerlich kompatibel mit der (immer noch) landläufigen Stadt-Land-Dichotomie. Die wohl bekannteste Form „dazwischen" ist der suburbane Raum. Siedlungshistorisch betrachtet ist er aus der zweiten großen Bewegung im Raum nach der Urbanisierung, der Suburbanisierung, entstanden. Die historisch gewachsenen europäischen Städte erfuhren mit der Industrialisierung ab der zweiten Hälfte des 19. Jahrhunderts ein immenses Wachstum und wandelten ihr bauliches wie strukturelles Antlitz rasant. Landflucht und eine Bevölkerungsexplosion in den neuen Großstädten schufen diese bis heute verankerte Stadt-Land-Differenz. Diese wurde und wird trefflich und umfassend in Kunst, Literatur und Forschung beschrieben. In der zweiten großen Umwälzung der Siedlungsstrukturen kam es zur Stadtflucht und im Rahmen der Suburbanisierung (zeitlich sehr unterschiedlich, verstärkt global ab den 1970er Jahren) zur Ausbildung suburbaner Räume. Diese neuen Räume erweiterten die Großstädte an ihren Rändern ins gefühlt Unendliche und ließen die Grenzen zwischen Stadt und Land nahezu verschwinden. Häufig sind nur noch administrative Grenzen das gesuchte Markenzeichen für Großstadt oder Vorstadt. Die daraus entstandenen Agglomerationsräume lassen in polyzentralen Metropolregionen - wie beispielsweise dem Rhein-Main-Gebiet - zumindest auf Karte und Papier den Eindruck grenzenlosen Stadtraums entstehen. Der Prozess der Suburbanisierung, wie der daraus entstehenden Räume, wird heutzutage tendenziell negativ konnotiert. Neben fehlender Zentralität werden Flächenverbrauch, Zersiedelung, bauliche Tristesse, (stadt)kulturelle Monotonie und soziale Entgrenzung attestiert. Für viele Großstädte hatte die Entvölkerungwelle der Suburbanisierung gravierende Folgen. Innenstädte verwahrlosten, die Attraktivität der Dichte schwand. Hier lassen sich häufig dokumentierte Extrembeispiele wie Detroit oder Los Angeles anführen, aber auch weniger bekannte und kleinere Städte in Deutschland litten unter der Abwanderung ins vermeintlich Grüne. In einer dritten Welle, der Reurbanisierung, scheint nun eine Reparatur dieser Zustände stattzufinden - freilich nicht, ohne neue Phänomene und Probleme zu erzeugen (siehe hierzu den Beitrag „Druck auf Stadt" in diesem Buch). Eine Vielzahl gesellschaftlicher, ökonomischer, ökologischer und

H

BAYER
café
SOBANN
APOTHEKE

P

P+R
Döner-Sandwich Haus

vor allem auch städtebaulicher Veränderungen führt - in Deutschland seit gut zwei Jahrzehnten - zu einer neuen Attraktivität der Innenstädte und Kieze. Die Vitalität des Großstädtischen scheint wiederhergestellt, der Mehrwert der urbanen Dichte wird wieder wertgeschätzt. Das Dreigespann aus Land, Stadt und Suburbia besteht in Abhängigkeit, ist eng verwoben und jede Siedlungsform hat ihre eigene innere Logik, Gesetzmäßigkeit, sowie Konflikte. Wo der ländliche Raum unter Strukturschwäche stöhnt und nach dem letzten verbliebenen Bäcker sucht, nimmt der Kampf um bezahlbaren Wohnraum in den Innenstädten immer groteskere Formen an, und in den Suburbias dieser Welt schlummert oder keimt die Suche nach der eigenen Identität, jenseits der Zwischenform.

All diese sehr skizzenhaft beschriebenen Prozesse und stadthistorischen Prinzipien wirken zunächst sehr schlüssig - und das sind sie auch, immerhin kann man mit ihnen äußert komplexe Phänomene und zivilisatorische Entwicklungen einordnen, Triebfedern identifizieren und Tendenzen nachvollziehen. Doch für den Blick aufs Detail reichen sie nicht aus - obgleich sie natürlich als Richtschnur wunderbar dienen.

Wie scharf sind die Grenzen zwischen den Räumen in der Realität wirklich? Was unterscheidet ein Niedererlenbach als nördlichste Peripherie der Großstadt Frankfurt am Main von einem 500 Meter östlich gelegenen Bad Vilbel-Massenheim? Auf dem Papier: Das eine ist Teil einer Großstadt, das andere nicht. Sicherlich, das sind nur dümmliche Spitzfindigkeiten und die direkte Frage nach räumlichen Realitäten wirkt auf den ersten Blick etwas dumpf. Dennoch: ein Blick aufs Detail eröffnet neue Frageoptionen und eine spannende Empirie. Die aus dem Konzept des Stadtspaziergangs abgeleitete Methode der Stadtwanderung (die man natürlich auch aus sportlichem Antrieb betreiben kann) eröffnet hier interessante Einblicke. Der transitorische Akt, das bewusste Durchschreiten von Räumen - gern auch das sub/urbane Lustwandeln - lässt den Blick auf etwas Neues zu: die Überlagerung von multiplen Grenzen einerseits und fluiden, stromhaften Räumen des Transits auf der anderen Seite.

Wir haben zu diesem Zweck eine gut 10km lange Stadtwanderung von Eschborn nach Frankfurt am Main unternommen, die genau diesen Übergang einerseits, aber auch die vielen unerwarteten Teilräume und fragmentierten Besonderheiten anderseits stellvertretend sehr differenziert abbildet. Die hier gezeigte Fotoreihe zeigt stromkonform (chronologisch) diesen Transfer. Die Wanderung beginnt an der S-Bahnstation Eschborn und endet im neuentstehenden Europaviertel in Frankfurt am Main. Die gewählte Richtung hat zur Folge, dass ab einem gewissen Punkt der Strecke die Frankfurter Skyline als anziehender Orientierungspunkt auftaucht.

Was ist das Besondere an dieser Wanderung? Nun, da gibt es sicherlich mehr, als uns bewusst geworden ist. Zunächst lässt sich festhalten: Das Städtepaar Eschborn und Frankfurt am Main ist im Rhein-Main-Gebiet ein recht besonderes. Sie grenzen direkt aneinander, dabei hat Frankfurt 35x so viele Einwohner, und doch wirkte Eschborn in den vergangenen Jahren wirtschaftlich zeitweise mächtiger. Die Abwanderung der Börse und andere offene Streits haben zu einem durchaus angespannten Klima zwischen den beiden hessischen Städten geführt. Räumlich betrachtet sind sie zwar direkte Nachbarn, dennoch erzeugen die Autobahnen 5 und 66 entlang dieser Grenze zumindest mental wie visuell - und für nicht-motorisiert Reisende auch durchaus physisch - eine klare Grenze. Die Suburbanisierung, das Wachstum von Gewerbegebieten (Eschborn-Süd, Rödelheim), die Erweiterung alter Dörfer zu größeren Frankfurter Stadtteilen und all die Transitbauwerke haben die beiden Städte auf gewisse Weise einander näher gebracht. Trotzdem - und das zeigt diese Route - ist mindestens die Hälfte des durchwanderten Raums grün und nicht grau. Bereits weit auf Frankfurter Gebiet wird dieser Eindruck durch das Durchschreiten des Grüngürtels, des Rebstockparks und des Europagartens (obgleich dieser momentan im Umbau ist) noch verstärkt. Die Dichte enger Innenstädte und neuer Wohngebiete weicht dazwischen aber auch den sehr weiten Gewerbegebieten mit flächiger Bebbauung und den scheinbar leeren Randgebieten an Autobahnen und deren Zubringern. Eschborn zeigt sich im Wesentlichen (zumindest auf dieser Route) modern, schlicht, geordnet und vor allem funktional: Es wirkt, als sei alles dem Gewerbe und der Arbeit untergeordnet. Das Gewerbegebiet Eschborn-Süd mit seinen Hochhäusern und Firmenzentralen fungiert als Arbeitsstadt. Ein

BINDING

111
110
109
108
107
106
105
103
DHL

wird er Frankfurter.
POSSMANN

Konzept aus vergangenen Jahrzehnten, in denen die Nutzungstrennung in der Stadt noch erklärtes Ziel war. Nach den Transiträumen und ausladenden Gewerbegebieten Rödelheims - mit Logistik- und Rechenzentren, Apfelweinabfüllung und Großmärkten - wirkt Alt-Rödelheim im Anschluss wie eine pittoreske Gegenwelt. Alles bunt, belebt, quirlig, grün und entlang der Insel schon fast wie ein Urlaubsort. Der Übergang in noch mehr Grün führt aber wiederum über Transitgrenzen (in diesem Fall die A 66). Der anschließende Rebstockpark ist für den mittleren Westen Frankfurts eine grüne Lunge (vergleiche Beitrag zu Stadtparks in diesem Buch), aber auch temporäre Ausweichfläche der Messe. Daran wird man auch an ruhigen Tagen durch die auffällige Automobil-Signaletik erinnert. Alles, was ab hier bis zum Ziel kommt, ist prinzipiell mit der eingangs beschrieben Reurbanisierung als Ursache wie Leitmotiv zu erklären. Das neue Rebstockviertel und das noch größere Europaviertel sind Neuplanungen der 1990er Jahre (und folgend) und entstanden teilweise auf Konversionsflächen. Sie stellen den Versuch einer Antwort auf die gestiegene Nachfrage nach Wohnraum dar. Ob sie allerdings auch urbanen Wohnraum bieten ist eine andere Frage und würde uns an den Anfang dieses Textes zurückführen. Besonders hervorzuheben ist der neu geschaffene Park zwischen Rebstock- und Europaviertel: der neue Rebstockpark. Er bricht in vielerlei Hinsicht mit der gängigen Vorstellung eines Stadtparks. Die Gestaltung orientiert sich an den komplexen philosophisch-mathematischen Ideen der Faltung nach Deleuze und der Katastrophentheorie nach Thoms. Allein dieser Park ist eine schwelgende Wanderung wert. Nach dem Übergang ins Europaviertel ist die Sichtachse nur noch gen Osten, der Skyline, gerichtet. Am Europaviertel, immerhin das flächengrößte Neubaugebiet im Frankfurter Innenstadtgebiet scheiden sich die Geister. Von den einen als monotone Magistrale abgetan, von den anderen als großstädtischer Entwurf gefeiert. Ich schreite unentschlossen weiter und gewähre dem Viertel ein paar Jahre der weiteren Entwicklung um dann ein Urteil zu fällen. Angekommen am Übergang zum vorderen Gallus bin ich zwar nicht in der Frankfurter Innenstadt, als Erfahrungsreise der Übergänge genügt es mir allerdings.

Vergleichbare Wanderungen lassen sich an zahlreichen Stellen und Übergangszonen in Frankfurt und Städten allgemein machen. Neben der beiläufigen sportlichen Ertüchtigung galt mein Fokus vor allem den eingangs beschriebenen, zu hinterfragenden trennscharfen Dimensionen des sub/urbanen. Es zeigt sich: in der promenadologischen Praxis sind die Räume vielschichtig, Übergänge fließend und mit bestehenden Bildern wie mentalen Raumverzerrungen überlagert.

Bitte verstehen Sie die Fotoserie als zweiten Leseweg derselben Wanderung. Die Bilder stehen beispielhaft für wahrgenommene Details und ergänzen nicht nur den Text, sondern erzählen von anderen, eher visuell erfassbaren Facetten der begangenen Route und ihrer Besonderheiten am Wegesrand.

Diese kleine Herleitung und Beschreibung sollte Lust auf das bewusste Durchschreiten von Räumen, die Wahrnehmung und das Verwischen von Grenzen sowie die unmittelbare Umgebung als Stadtwanderziel machen. In diesem Sinn: Bonne promenade!

BOSCH
Frankfurt School

REWE

TRINKHALLE

F-Stadtmitte
Universität
Congress C.
648
648
Messe
F-Rödelheim
F-Bockenheim
648
ADAC
i
F-Rebstock
Messe

WARTEST DU NOCH AUF GELD ODER MACHST DU SCHON SELBER?

URBAN COMMONS UND DIE POLITIK DES SPARZWANGS

akm mek

Einer Grundschule in Kreuzberg gehen die finanziellen Mittel aus, sie ist baufällig, die Bibliothek droht geschlossen zu werden und auch Ausflüge und sonstige Projekte sind auf der Streichliste. Von staatlicher Seite gebe es kein Geld, die Kommune sieht sich im Sparzwang. Eine Elterninitiative nimmt diese Probleme in die Hand, sorgt für die Renovierungsarbeiten, akquiriert Gelder und kann sich dadurch an einer partizipativen pädagogischen Neuausrichtung beteiligen. Schön und gut, aber entlässt die Initiative dadurch den Staat nicht aus der Verantwortung? Ja, fügt sie sich sogar ein, in eine neoliberale Politikausrichtung und stopft brav die Löcher dort, wo es einen selber betrifft? Und werden dadurch gleichzeitig andere Schulen mit den gleichen Problemen in weniger gut situierten Milieus ihrem Schicksal überlassen?

Anderes Beispiel: Das Gleisdreieck in Berlin-Kreuzberg und -Schöneberg war über Jahrzehnte ein umkämpfter Ort. Investoren, Stadtverwaltung und Bürgerinitiativen hatten unterschiedliche Vorstellungen darüber, was mit der Brache geschehen sollte. Die Anwohner wollten eine möglichst naturbelassene Fläche, in der sich die Vegetation ungestört weiterentwickeln kann und auch die Industriedenkmäler erhalten bleiben. Eine Fläche, die aber vor allem frei zugänglich für die Bürger zur ihrer individuellen Nutzung ist (wie z.B. für Urban Gardening, Naturspielplätze usw.). Der Senat dagegen hatte zahlreiche andere Pläne: in den 70er Jahren sollte eine Autobahn, die sogenannte Westtangente durch das Gebiet führen; später wurde eine Bundesgartenschau geplant, und ein riesiger Freizeitpark mit Riesenrad war angedacht. Der Plan der Autobahn war der Auslöser dafür, dass sich Bürgerinitiativen zusammenschlossen, um für die Brache zu kämpfen. Nach der Wende jedoch diente die Brache zunächst als Baulogistikzentrum für die Großbaustelle am Potsdamer Platz. Der Senat versprach nach der Baustelle einen Bürgerpark zu gestalten. So einigte man sich auf die Schaffung eines neuen städtischen Parks, dessen Ausgestaltung erneut einen großen Kampf zwischen den

Beteiligten hervorrief. Vermeintlich knappe Kassen und wirtschaftliche Interessen führten dazu, den geltenden Flächennutzungsplan zu ignorieren und deutliche größere Bauflächen, als ursprünglich vereinbart, an große Bauprojekte zu vergeben. Ist es dennoch eine win-win-win Situation für Land, Investoren und Anwohner, die nun sowohl einen Park als auch zusätzlichen Wohnraum zur Verfügung haben? Oder verbirgt sich dahinter ein Einknicken des Landes vor privatwirtschaftlichen Akteuren, die sich ein paar Sahnestücke des Gleisdreiecks abgreifen konnten? Gibt es vielleicht auch Verlierer dieser Aufwertungsstrategie, die sich die inzwischen steigenden Mieten in der Umgebung nun nicht mehr leisten können?

Dies sind zentrale Fragen der Urban Commons in der heutigen Zeit. Für uns können diese Initiativen, d.h. die Maßnahmen an der Schule und die Mitgestaltung des Parks, als Urban Commons verstanden werden. Sind Urban Commons per se die Lösung der Probleme unserer Zeit? Nein. Werfen Sie eine interessantere Perspektive auf, als es bei der selbstgefälligen Diagnose zu belassen, die Politik sei neoliberal? Ja.

Ach ja, der Begriff „Commons" liegt ja im Trend, aber benutzen wir ihn nur deshalb, um längst Bekanntes neu zu verpacken? Für uns macht „Commons", oder auch „Gemeingut", den Unterschied zu einem rechtlichen Verständnis von „öffentlichem Gut" deutlich, welches staatlich reguliert wird. Commons müssen nicht notwendig vom Staat bereit gestellt sein (zum Beispiel Wikipedia) — sie können es aber, zumindest in Teilen wie im Beispiel der Schule. Entscheidend ist, dass es eine Gruppe von commoners gibt, die sich aktiv an der Herstellung, Wiederherstellung und Benutzung der Güter befassen und diese selber regeln (dem sogenannten commoning). Grundsätzlich sind damit demokratische, beteiligungsorientierte Prozesse impliziert. Eine Autobahn mag zwar öffentlich sein, ist dadurch aber noch lange kein Commons, sofern ihre Instandhaltung lediglich bürokratischen Maßnahmen unterworfen ist. Damit bestehen Commons aus unserer Sicht aus

MMON PROPERTY ALLGEMEINGUT COMM

ROPERTY ALLGEMEINGUT COMMON PROP

drei Elementen: der Ressource selber, den commoners und dem commoning (Kip et al. 2015).

Eine solche Definition von Commons besagt hingegen noch nichts über deren politischen Charakter. Commons können unterschiedliche Regelungen in Bezug darauf haben, wer Mitglied werden darf,wie sich das Verhältnis zu anderen Commons, zu Markt und zu Staat gestaltet und wie der Gebrauch des Gemeingutes funktioniert. Je nach Projekt gestalten sich diese Fragen mehr oder weniger zu einem Problem und stellen die commoners vor unterschiedliche Handlungsoptionen. Zu bedenken ist dabei, dass je nach Eigenart der Commons die potentielle Gefahr der Übernutzung („Rivalität") besteht – wie zum Beispiel im Fall eines Parks – und spezifische Herausforderungen mit sich bringt. Ganz anders verhält es sich bei der Verwendung von Wissensbeständen, die nicht „verbraucht" werden, sondern im Gegenteil das Gemeingut sogar vergrößern können. Neben diesem Aspekt der Rivalität unterscheiden sich Gemeingüter auch in Bezug auf die Frage der Ausschließbarkeit. Das Gemeingut einer Schule, beispielsweise, kann Nutzern, die nicht als Mitglied „registriert" sind vorenthalten werden, während dies bei einem öffentlichen Park nicht ohne weiteres so ist. Und dennoch besteht in diesen unterschiedlichen Commons-Projekten eine entscheidende Gemeinsamkeit in der qualitativen Ähnlichkeit der sozialen Beziehungen. Auseinandersetzungen unter den commoners beruhen auf gemeinsamen Wertvorstellungen und sind auf gegenseitige Verständigung ausgerichtet. Insofern können die Beziehungen in einer Gated Community, einer rechtsextremen Gruppe, im Nachbarschaftsgarten oder im linksautonomen Haus durchaus Parallelen aufweisen. Damit wollen wir die politischen Differenzen gewiss nicht nivellieren. Eine Ähnlichkeit der Beziehungsqualitäten in diesen Projekten besteht jedoch im Vergleich zu den Verhältnissen in der Sphäre des Staates, die über bürokratische Vorgaben und Prozesse geregelt werden, und denen in der Sphäre des Marktes, die über das Verhältnis von Tauschwerten vermittelt sind.

Wichtig ist es uns, das Phänomen und die sich daran anschließenden Konflikte zu begreifen. Commons sind prinzipiell eine uralte Angelegenheit; Historiker untersuchen spätmittelalterliche Konflikte um die Einhegung von Gemeingütern durch ein sich ausweitendes Kapitalinteresse (siehe Linebaugh 2008). Aus dieser Perspektive lässt sich auch der Wunsch nach einem selbstbestimmten kollektiven Leben verstehen, für den heute noch die 68er symbolisch herhalten müssen. Im Vergleich zu den 60er und 70er Jahren jedoch zeichnet die heutigen Commons nicht unbedingt der Widerstand gegen einen paternalistischen Staat aus. Mittlerweile müssen sie sich mit einem tendenziell abwesenden Staat und einem dafür fast allgegenwärtigen Markt auseinandersetzen. Die Lücken, welche die Transformation des Wohlfahrtsstaates in der sozialen Versorgung aufreißt, machen Commons immer mehr zu einer Strategie des Selbsterhalts. Besonders deutlich wird dies in krisengeschüttelten Regionen wie z.B. Argentinien und Griechenland, wo viele Nachbarschaften auf selbstverwaltete Gesundheitsversorgung, Volksküchen oder ähnliches angewiesen waren oder sind. Das obige Beispiel der Schule ist zwar nicht so dramatisch, aber es beruht auch auf einem kollektiven Grundbedürfnis.

Gleichzeitig sehen einige Wissenschaftler wie Michael Hardt und Antonio Negri (2010) Commons als zentrale Ressource für den Fortbestand des kapitalistischen Wirtschaftens. Wachstum könne heute in erster Linie nur noch über das Einverleiben von neuen außerkapitalistischen Formen der Produktion und Reproduktion geschehen, die einst als Gemeingüter entwickelt wurden. Das heutige Internet, zum Beispiel, ist kein Machwerk einer Regierung oder Projekt einer Computerfirma, sondern das Resultat von Prozessen vieler kleiner Formen der Zusammenarbeit, die jedoch aggregiert zur zentralen Arena für staatliche Kontroll- und kapitalistische Verwertungspraktiken geworden sind. Die Entwicklung der Share Economy ist hierfür ebenfalls illustrativ: Projekte, die ursprünglich als Formen des Teilens und der Zusammenarbeit konzipiert waren und eine Abhängigkeit von Markt und Staat verringern sollten (z.B. Wohn- und Bürogemeinschaften, „couchsurfing"), sind inzwischen zu Vorreitern der städtischen Wirtschaft geworden. Der Gedanke des gemeinsamen Teilens und Arrangierens wird im Rahmen einer unternehmerischen Steuerung und Verfügbarmachung der Ressource kommerzialisiert, wie z.B. für Wohnen (Vermietungsportale), Arbeiten (Coworking Space), Mobilität (Carsharing), Kommunikation (internetbasierte Partnerschaftsplattformen, soziale Medien, Foren für gegenseitige Nachbarschaftshilfe etc.).

Besonders in Berlin kam es in den letzten Jahren

immer wieder zu Protesten, wenn es um die Privatisierung von öffentlichen Gütern ging, wie z.B. im Fall der geplanten Bebauung der Uferbereiche der Spree („Mediaspree") oder des Tempelhofer Feldes. Im Zuge einer solchen Mobilisierung konnte 2008 der Bürgerentscheid „Spreeufer für alle!" im Bezirk Friedrichshain-Kreuzberg gewonnen werden. Der erfolgreiche Berliner Volksentscheid der Bürgerinitiative „100% Tempelhofer Feld" im Jahr 2014 stoppte sogar die dortigen Bebauungspläne – zumindest vorübergehend.

Anderen stadtpolitischen Bewegungen in Berlin ging es in den letzten Jahren um die Ausweitung und Commonalisierung von öffentlichen Gütern. So erwirkten Bürgerinitiativen die eingangs erwähnte Umsetzung des Parks am Gleisdreieck im Jahr 2011; ein Bürgerentscheid zur Rekommunalisierung des Energienetzes wurde 2013 nur knapp verloren und 2015 konnten die Vorbereitungen eines breiten Bündnisses für einen Berliner Mietenvolksentscheid zur Regulierung des Wohnungsmarktes und der Vergrößerung des Sozialwohnungsbestandes ein gewisses Einlenken der Politik erreichen.
Das Schema der Argumentation gegen diese Bürgerbegehren war immer ähnlich: Das Land Berlin habe nicht genug Geld, es könne die Kosten für die städtischen Güter nicht tragen, das könne die Wirtschaft dagegen effizienter zum Wohle aller: eine umfangreiche Bereitstellung von Wohnraum und sogar die Gestaltung von Freiflächen. Demgegenüber forderten die oppositionellen Bewegungen eine Demokratisierung der Steuerungs- und Entscheidungsprozesse. Dies sind nur wenige Beispiele der größeren städtischen Bewegungen in Berlin, die auf die Relevanz der Commons-Frage verweisen.

Während Commons nicht zwangsläufig mit einem universalistischen Anspruch auftreten, sondern gelegentlich nur versuchen, die eigenen Schäfchen ins Trockene zu bringen, sehen wir in den Commons auch ein „Fenster in eine andere Welt" (Notz 2012). Commons können Lernprozesse anstoßen, dass

Selbstorganisation überhaupt möglich ist, dass nicht alle Menschen nur ihren eigenen Vorteil im Sinn haben, oder dass nicht nur staatliche Regelungen Ordnung herbeiführen können. In vielen Fällen mag es sogar sein, dass Selbstorganisation nicht nur selbstbestimmter, sondern auch effizienter ist: Das Internet wäre vermutlich nicht das, was es ist, wenn es nach einem Business-Plan oder als Verwaltungsakt entwickelt worden wäre. Und um bei dem Schulbeispiel zu bleiben: Hier hätte sich ohne das Engagement der Eltern vermutlich erst mal gar nichts getan. Gelernt werden kann auch ein konkreteres Verständnis, wie Güter selbst hergestellt werden können, und welche Prozesse eventuell besser von Markt und/oder Staat umgesetzt werden. Sind solche Erfahrungen gemacht, fällt es zudem leichter einen Blick für andere Commons-Projekte zu gewinnen und zu überlegen, wie der politische und institutionelle Rahmen für eine Gesellschaft von kollektiver Selbstorganisierung von Gemeingütern aussehen könnte. Commons fungieren dann nicht etwa als Lückenbüßer für eine kapitalgesteuerte Politik, die Sparzwänge vorgibt, sondern können sich so für eine demokratische Verfügung über wirtschaftliche Ressourcen stark machen.

LITERATURANGABEN

Hard, Michael und Antonio Negri. 2010. Common Wealth. Das Ende des Eigentums. Campus.

Kip, Markus, Majken Bieniok, Mary Dellenbaugh, Agnes Müller und Martin Schwegmann. 2015. „Seizing the (Every)Day. Welcome to the Urban Commons!" In Urban Commons. Moving Beyond State and Market. Seiten 9-25. Bauwelt Fundamente No. 154. Birkhäuser.

Linebaugh, Peter. 2008. The Magna Carta Manifesto. Liberties and Commons for All. University of California Press.

Notz, Gisela. 2012. Theorien alternativen Wirtschaftens. Fenster in eine andere Welt. 2. Aktualisierte Auflage. Schmetterling Verlag.

ANMERKUNGEN

Titelbild: Tempelhofer Feld Berlin // Credits: csi

Schule: Nürtingen-Grundschule Berlin-Kreuzberg // Credits: Bauereignis - Sütterlin Wagner Architekten

Park: Park am Gleisdreieck Berlin // Credits: (Abdruck mit freundlichen Genehmigung von) Atelier Loidl

Commons Property: Crossing Commons // Credits: Agnes K. Müller

Tempelhof: Tempelhofer Feld Berlin // Credits: 1. Katrin Friedmann 2. Marco Schwensfeger 3. Katrin Friedmann 4. Agnes K. Müller

Mietenvolksentscheid: Untertitel: Mietenvolksentscheid Berlin // Credits: Jan Ickx / Mietenvolksentscheid Berlin

Zur besseren Lesbarkeit nutzen wir nur die maskuline Personenform, meinen damit aber auch andere Gender.

Agnes und Markus sind Mit-Herausgeber des Buches „Urban Commons: Moving Beyond State and Market", herausgegeben von Mary Dellenbaugh, Markus Kip, Majken Bieniok, Agnes Müller und Martin Schwegmann (Bauwelt Fundamente #154), welches 2015 bei Birkhäuser erschienen ist.

csi

Christoph Siegl
Diplom-Geograph
Mitbegründer Open Urban Institute

Irgendwie sagt das Foto: Ich war es nicht. Das stimmt so nicht. Zumindest entstammt die Idee zu diesem Buch meinem Antrieb. Gemeinsam betreiben wir das OUI - Open Urban Institute - seit 2009, forschen und vermitteln Themen rund um Stadtkultur.
Darüber hinaus bin ich Geograph und Stadtforscher und liebe die multiple Grenzwanderung zwischen Forschung, Konzeption, Gestaltung und Didaktik. Ich reise, schaue und denke gern.

jad

Jutta Deffner
Dr. rer. pol., Diplom-Ingenieurin Raum- und Umweltplanung
Leiterin und Wissenschaftliche Mitarbeiterin am Forschungsschwerpunkt Mobilität und Urbane Räume, ISOE – Institut für sozial-ökologische Forschung, Frankfurt am Main

Meine Passion: Die Bewegungen von Stadtlandschaften und ihren BewohnerInnen wie im Vorbeigehen erkunden, darüber nachdenken, was macht lebenswerte Städte aus. In einer Stadt zu leben, halte ich für eine suffiziente Lebensweise. Dennoch liebe ich leere, weite, karge Landschaften. Was für ein Widerspruch ! Vielleicht suche ich deswegen den Sinn des Dazwischen ...?

skö

Sandra Köstler
Dr. phil., Soziologin und Dokumentarfotografin
Studio für urbane Szenarien

Grenzgängerin zwischen visueller und theoretischer Arbeit. Momentan auf der Suche nach neuen Szenarien urbaner Mobilität.

pwo

Philipp Wolf

Seit einigen Jahren in Frankfurt-Bockenheim lebend dreht sich in Philipps Leben vieles ums Reisen. Beruflich sorgt er IT-seitig dafür, dass Großkonzerne, Regierungen und andere Organisationen ihre Reisen problemlos buchen und durchführen können. Privat ist er, sofern er nicht mit Burger- oder Schnitzelessen beschäftigt ist, selbst am liebsten unterwegs. Meistens hat er seine Kamera in Reichweite, fotografiert gerne (urbane) Landschaften, Gebäude und Menschen, geht gerne auf Konzerte und mag Eichhörnchen. Weitere Bilder von Philipp findet ihr auf Instagram unter @schnitzelwurst

ftl

Florian Tilman Maximilian Leiss
Diplom-Geograph

Florian Leiss ist Diplom-Geograph mit den Studienschwerpunkten Kreativwirtschaft und Stadtentwicklung. In seinem Job beschäftigt er sich mit der Ansiedlung und Betreuung von kreativen Unternehmen in Frankfurt am Main, darüber hinaus verfolgt er strategische und interdisziplinäre Projekte zur Weiterentwicklung des Standortes Frankfurt. Mit großer Begeisterung bereist er die Welt und interessiert sich für die Themen Design, Stadtplanung, kulturspezifische Arbeitsprozesse und Nachhaltigkeit, um aus Innovationen und alternativen Ansätzen zu lernen.

akm

Agnes Katharina Müller

Ist Gründungsmitglied der Berliner Urban Research Group zu Urban Commons, Architektin und Stadtforscherin mit einem Interesse an verschiedenen sozialen, kulturellen und politischen Stadtentwicklungsprozessen, wie z.B. partizipative Planung, flexible Arbeitsformen in der Stadt, Multilokalität, globale Netzwerke mit lokalen Auswirkungen und vieles mehr.

kth

Katharina Hoffmann
Mathematikerin

Mitte Februar 2016 hat Katharina ihr Mathematikstudium in Berlin beendet und ist nun Master of Mathematics. Sie mag es, um die Ecke zu denken und die Dinge aus verschiedensten Winkeln zu betrachten und das nicht nur im übertragenen Sinne. Den ernsthaften Teil ihres Lebens verbringt sie momentan damit, ein IT Consultant zu werden, den Rest damit, durch die Weltgeschichte zu wandern und alles mit ihrer Kamera festzuhalten.

gum

Nea Gumprecht

Studentin der Fotografie an der Hochschule für Grafik und Buchkunst Leipzig.

din

Dominik Intelmann

Persönliches Interesse: Der Gleichklang staatlicher Interessen mit den Praxis der Subalternen.

kkh

Kenneth Hujer

Gefühlt ein halbes Leben habe ich mich mit der Zeit herumgeschlagen. Besonders gut ging es mir dabei selten. Anders ist es, seitdem ich den Raum für mich entdeckt habe – und damit den Blick für die Architektur der Stadt. Folgerichtig ist Narango eines der Projekte, mit dem ich gern meine Zeit verbringe.

aru

Anne Rudolf
Diplom-Psychologin und Neurowissenschaftlerin
Organisatorin Open Urban Institute

Seit vielen Jahren behält Anne im OUI den Überblick und setzt durch ihren wissenschaftlich-psychologischen Hintergrund alternative Impulse. Sie setzt auf Nachhaltigkeit statt Konsum. Von Handwerk und Handarbeit begeistert, hofft sie, Selbstgemachtes wie z.B. Apfelwein stärker in den öffentlichen Fokus rücken zu können. Nach dem Abschluss ihrer Doktorarbeit möchte sie sich stärker dem Urban Gardening widmen.

otm

Oliver Müller
M.A. Kulturanthropologie & Europäische Ethnologie
Open Urban Institute

Auf den Spuren des Alltäglichen, des Nebensächlichen und Nicht-Bedenkenswerten entfalten Situationen des Städtischen den Stoff für urbane Tagträume und eröffnen so eine ungewöhnliche Lesart der Stadt.

iwu

Ines Wuttke
Performance- und Installationskünstlerin

Ines Wuttke hat Medienkunst, Szenographie und Kunstwissenschaft an der Hochschule für Gestaltung in Karlsruhe, sowie an der Zürcher Hochschule der Künste studiert. 2013 wechselte sie ans Institut für Angewandte Theaterwissenschaften, Giessen. Sie arbeitet in ihrer künstlerischen Forschung an der Schnittstelle von Dokumentation und Inszenierung und transformiert dies in den urbanen Raum. Für Ines Wuttke ist der öffentliche Raum ein politischer Versammlungs- und Verhandlungsort und somit der unmittelbarste Ort, um Kunst zu zeigen und zu rezipieren.
Für die Recherchen zu ihrer stadträumlichen Inszenierung „Strategien des Zuschauens" in Giessen wurde sie auf das OUI aufmerksam. Es entstand eine Zusammenarbeit, indem das OUI die Inszenierung dokumentarisch begleitete und reflektierte.

sts

Stefan Sylla
Geograph

Während des Studiums der Physischen Geographie fühlte ich mich immer wieder mit der Frage konfrontiert: Was ist die tiefere Bedeutung von Landschaften und deren Formen? Warum ist dieses Tal genau hier entstanden, was bedeutet der Hügel hinter dem Wald? Was ist das wahre Wesen eines Ortes/einer Landschaft? Natürlich gingen wir diesen Fragen im Studium auf den Grund, aber es blieb bei einer vorwiegend, wie im Namen ja schon enthalten, „physischen" Betrachtung der Dinge, die mir nur bedingt befriedigend erschien. Insofern habe ich mich später immer wieder mit dieser Frage auseinandergesetzt, was v.a. auch durch meinen derzeitigen Wohnsitz in Südostasien intensiviert wurde, wo interessante Ansätze wie z.B. das Feng Shui -- die chinesische Raumpsychologie -- zuhause sind. Narango als eine Art Open Space für die unterschiedlichsten Perspektiven auf Stadt, Land und Orte sehe ich als eine Gelegenheit, meine persönlichen Erfahrungen über Geographie und Geomantie in Asien zu teilen.

mek

Markus Kip

ist Gründungsmitglied der Berliner Urban Research Group zu Urban Commons, zertifizierter Stadtspaziergänger am OUI und hat im Februar seinen PhD in Soziologie an der York Universität in Toronto abgeschlossen. Solidarität ist für ihn ein Schlüsselbegriff in seinen Forschungsprojekten zu Gewerkschaft, Migration und Stadt.

IMPRESSUM & ÜBER UNS

Idee: Christoph Siegl
Konzept: Christoph Siegl
Chefredaktion: Christoph Siegl
Redaktion: Anne Rudolf, Oliver Müller
Organisation / Öffentlichkeitsarbeit: Anne Rudolf, Oliver Müller, Christoph Siegl
Layout: Christoph Siegl
Illustration / CI : Christoph Siegl
Lektorat: Monika Rudolf

Herausgegeben vom
OPEN URBAN INSTITUTE
Frankfurt am Main
als Edition s/w im August 2016
Limitiert: April 2016

Das Open Urban Institute, kurz OUI, ist ein Netzwerk passionierter Stadtforscher aus Akademikern und Interessierten. Es versteht sich als Laboratorium und Experimentierraum für urbane Strategien zwischen Nachhaltigkeit, Städtebau, Kreativität und Partizipation mit Sitz in Frankfurt am Main.
Das OUI versucht, soziale Praxis mit theoretischem Über- wie Unterbau zu verbinden. Daraus entstand der Anspruch, urbane Didaktik zu betreiben.
Gegründet im Januar 2009 veranstaltet es seitdem monatlich Stadtspaziergänge, dem dérive-Gedanken folgend, veranstaltet Abende wie das Open Urban Pubquiz, verfasst Texte und visuelles Material und mischt sich ein, wo Bedarf besteht: in Interviews, Podiumsveranstaltungen und Expertenrunden.
Mit dem Buch KLEINÖDE gelang ein Statement zum Zustand des öffentlichen Raums. Weitere Projekte folg(t)en. Die Themenbereiche des OUI umfassen im Weiteren: Architektur, visuelle Kommunikation/Kartographie, urbane Ökologie, Kunst, Innovation sowie sub/urbane Gestaltung und historische Aufarbeitung.
Wir sind stets offen für neue Partner und denkende Köpfe, die Begeisterung für den OUI-Gedanken finden und mit an Neuem arbeiten wollen.

Das gilt ebenso für interessierte Autoren für die Narango Ausgabe 2017.

Interesse?

kontakt@openurbaninstitute.org

www.facebook.com/openurbaninstitute

http://openurbaninstitute.org/

OPEN
URBAN
INSTITUTE